U0320494
站在巨人的肩上
Standing on Shoulders of Giants
TURING
图灵教育
iTuring.cn

站在巨人的肩上

Standing on Shoulders of Giants

TURING

图灵教育

iTuring.cn

TURING

程序员进阶之路

从码农到中层管理者

[韩] 郑暎勋 著　张 翔 译

人民邮电出版社

北京

图书在版编目（CIP）数据

程序员进阶之路：从码农到中层管理者 /（韩）郑暎勋著；张翔译. -- 北京：人民邮电出版社，2019.5
ISBN 978-7-115-50405-0

Ⅰ.①程… Ⅱ.①郑… ②张… Ⅲ.①软件开发—项目管理 Ⅳ.①TP311.52

中国版本图书馆CIP数据核字(2018)第287315号

内 容 提 要

程序员未来将成为中层管理者，而此时当下他们所欠缺的就是“领导力”。本书讲解了高级程序员、项目管理人员必须具备的领导力，以及如何具备这种领导力。书中介绍的不是枯燥的理论，而是作者在完成项目过程中积累的实际经验，通过多种角度讲述了其自身感受。读者通过本书可以了解程序员的特性，详细学习能够获得程序员进价所需的领导力。

本书适合IT公司中层管理者、关注自身职业规划的程序员、希望成长为高级程序员的初级IT从业者阅读。

◆ 著　　　　[韩] 郑暎勋
　译　　　　张　翔
　责任编辑　陈　曦
　责任印制　周昇亮
◆ 人民邮电出版社出版发行　北京市丰台区成寿寺路11号
　邮编　100164　电子邮件　315@ptpress.com.cn
　网址　http://www.ptpress.com.cn
　三河市君旺印务有限公司印刷
◆ 开本：880×1230　1/32
　印张：6.5
　字数：139千字　　2019年5月第1版
　印数：1－3 000册　　2019年5月河北第1次印刷
著作权合同登记号　图字：01-2016-1580号

定价：49.00元

读者服务热线：(010) 51095186转600　印装质量热线：(010) 81055316
反盗版热线：(010) 81055315
广告经营许可证：京东工商广登字20170147号

前言　永远保持一颗一线程序员的心

我工作的地方有几台日本产的设备，偶尔经过的时候，可以看到白发苍苍的日本工程师开发程序的身影。那个场面让人觉得他们不是在做软件开发，而是在完成一项真正的工程，甚至可以感受到他们身上那种日本人特有的"匠人精神"。看着这些一二十年一直从事软件开发的外国工程师，感受着公司这样的氛围，我为什么会感到些许羡慕呢?

如果韩国业界也是相同的氛围，我自然会产生同样的敬佩之情，但事实上，我在韩国很少看到年迈的工程师，而且就算看到也会产生诸多猜测，因为谁都知道，韩国公司的情况并不是那样的。程序员的职业寿命不长，IT 领域的工作条件更是艰苦，这些都已被人们所熟知。现在，初入社会的年轻人都不愿意选择工科职位，从某种角度上看，这也无可厚非。

程序员这个职业充满魅力，能够充分展现创造性。可以说，程序员是各种文化内容的搬运工，对激活内容起着核心作用。他们有着可以左右 IT 机器性能的超强能力。如果各位是在恶劣的 IT 工作环境中从事软件开发的程序员，一定会被这个职业的魅力所折服，从而积极投身于这项事业。

我也曾是其中一员，写代码的时候完全感受不到时间的流逝，熬夜修改 bug 也是家常便饭。当我经历了 10 年的时光、终于明白了程序员的真谛时，公司又交给了我一项新的任务：一个人跟键盘和显示器过日子的时代已经结束，是时候帮助后辈奋勇前进了。更准确地说，是让我去管理一个团队。由于和代码的前缘未尽，对编程也还恋恋不舍，所以再像以前一样写代码时，我都会被上司批评：

“不要再自己一行一行地写代码了，放手让团队成员去做吧！”

遗憾的是，韩国 IT 界对程序员的职业规划并不是“初级程序员→中级程序员→高级程序员”，而是“程序员→中层管理者→主管”。由此可见，程序员并不是“只写好代码”就万事大吉了，还必须是“管理团队”的一把好手。所以，如果一个程序员不能成为中层管理者，那么就只能被淘汰。

既然不能一直做一线程序员，那么就应该以最快的速度适应。其实不只是“适应”，而是应当下定决心做好管理。虽然我满腔热血想做的是一线程序员，但还是要暂时放下代码，走上管理之路。从一线程序员转型为管理者并非一蹴而就，而是需要不懈地努力，并总结和学习各种经验教训。我在这一过程中并没有得到过来人的指导，也是自己经历了一切后，触发了将这些故事写下来与他人分享的想法。在本书中，我希望能与读者分享自己在成为一名出色的管理者这条道路上积累的知识、付出的努力以及收获的经验。

本书会告诉你，高效管理程序员需要树立的战略和成功所必备的要素。程序员出身的我们也许对管理方面的基础知识了解不多，但对程序员的心理和业务了如指掌。熟知团队成员的业务和特征为我们成为中层管理者铺平了道路，也是我们最有利的出发点。因此，我认为，以现有的经验加上管理方面的知识，各位一定能成为优秀的程序员领导。

致谢

弹指一挥间，我被编程的魅力所感染并以此为业已经十多个年头了。在这期间，无论是和我一起并肩战斗的前辈、同事，还是一起度过美好时光的后辈，都让我无法忘怀。我想将我的经验和情感写出来和大家一同分享，虽然不敢说我走过的道路一定是正确的，但希望能给那些跟我有相同困扰的同道中人提供一些帮助。

在此，要特别感谢一直关注本书进展的 Hanbit Media 宋诚根组长。也要借此机会衷心感谢在资料编写方面给过我许多帮助的郑智妍女士、为我提供很多想法的朋友圭达，以及技术人员赵诚文和李向韩。

同样要感谢一直在我身旁支持我、鼓励我的爱妻秀美，还有两个孩子雅仁和时宇。

郑暎勋

本书结构

本书讲的并不是领导力的专业知识，而是我作为一名程序员和项目经理在项目进行过程中亲身经历的一些事情。因此，本书不会像教科书那样包含与领导力有关的全部理论，而是以“蒙太奇”的手法，对我主观上认为重要的内容加以描述。下面介绍一下程序员的特性，以及具备什么样的领导力才能获得程序员的支持。一个程序员若想发挥领导力，需要具备以下 4 项要素：

- **对程序员和领导力的理解**
- **项目管理**
- **领导的沟通**
- **领导的自我开发**

第 1 章主要讲述领导力的必要性及意义、影响力的源泉，还会对程序员的心态和特殊文化进行探讨。通过这个行业的特殊性导致的问题及其应对方法，学习如何正确发挥领导力。

第 2 章讲解为获得项目成功而应当实施的资源管理方法，以及一些有用的小技巧。比起大家都耳熟能详的软件工程理论知识，这一章更注重那些在项目进行过程中获得的经验以及欲与他人分享的内容。

第 3 章讨论高效的组织管理方法和沟通方案。例如，作为领导所需要的心理建设、与成员进行灵活沟通的方式方法、要避免的问题等。这一章有助于理解年轻一代程序员的所思所想。技术培训既可以提高团队能力，也可以强化领导的影响力，这是非常必要的。新一代程序员都个性十足，可以说这是新时代带来的结果，所以必须理解他们。只有理解了发生变化的程序员群体并与之产生共鸣，才有可能得到他们的信任。

第 4 章强调领导也要不断努力开发自我，要有勇气并能适应飞速发展变化的 IT 界。此外，还介绍了作为领导如何才能当好模范、起到表率作用，并强调了一些经常被程序员忽略的部分事项。

本书罗列了程序员发挥领导力时需要具备的 4 项要素，以及我的一些经验和想法。

目录

第1章

程序员领导力

01 程序员者，专家也

程序员熟知编程语言、算法、数据结构、计算机系统专业知识，对欲创建的对象进行分析、设计、调试、实现 UI 并正式运行。光看这些名词就知道，这并不是一个容易上手的领域。但是在韩国，相较于医生或律师等职业，人们并不认为“程序员”也需要具有专业技术。其实，与其他职业相同，程序员也需要不断扩充自己的知识储备，对技术有更深入的了解，与时俱进。

我认为，人们对该职业认识不足的原因在于，在其他国家，成为程序员的门槛很高，但韩国并非如此。就韩国来说，随着 2000 年 KOSDAQ① 时代的开启（互联网泡沫），IT 业迎来了自己的春天，国家从政策上提出大量培养程序员，也就是从那时开始，程序员的行业门槛变低了。

在美国，计算机工程师、程序员及系统分析师的平均起薪为 59 000 美元，而出纳员的起薪仅为 21 000 美元。这种起薪差距充分体现了人们对 IT 领域专家具有极高社会价值的认可。虽然

---

① 韩国证券交易商协会自动报价系统，是韩国的创业板市场，隶属于韩国交易所。——编者注

人们普遍认为 IT 专家可以创造巨大的附加价值，当然可以拿到高额年薪，但是从“供求法则”上看，则可解释为供小于求。也就是说，现有的 IT 人员储备并不能满足社会的需求。正因如此，美国、新加坡和欧洲的一些国家都在为获得充足的 IT 人员储备而不懈努力。

与之形成鲜明对比的是，韩国程序员的工作环境往往与发达国家相差甚远。如前所述，我认为是在 IT 业春天到来的时候，支持“大量培养程序员”的国家政策造成了这一现象。供给在不断增加，却不能提供数量与之匹配的高端职位，工作环境只会越来越差。究其原因，可以归结为“供求关系”的破裂。为了适应这种艰苦的环境，程序员必须努力成为专家并得到认可。因为只有成为专家，才能在艰苦的环境中获得较好的待遇。

但令人感到意外的是，有着“软件架构师”头衔的程序员的待遇却与美国相差无几。由此可见，“专家”的名号在韩国是可以得到广泛认可的。虽然如此，但并非所有程序员都要转型做架构师。在自己当前从事的领域内做到最好，积攒经验并能灵活运用，这才是最正确的选择。重要的是，要认为自己就是专家，具备向其他人推销自己的信心，不断提升自我实力。

瑞典斯德哥尔摩大学的安德斯·埃里克森教授提出了“10 年法则”：要想在任何领域成为大师，至少需要 10 年的不懈努力。此处重要的是，10 年间的努力是“用心”还是只“用力”。

韩国不乏在自己的领域中有着卓越成绩的佼佼者。体育明星中的代表人物有金妍儿、朴泰桓、朴智星等，他们都在自己的运动领域中至少坚持了 10 年。当然，还有很多运动员也如他们一般有着多年运动生涯，但即使超过 10 年，也并不是所有人都像他们一样出色。由此可见，在某一领域拔尖的人并不是只花费了 10 年的时间，而是付出了比其他人更多的努力，不断完善自我才实现的。

决定做一件事情时，大部分人都会在初期下定决心、付出全部，但随着时间的流逝，由于未能在短期内达到预期目标，很多人便会失去信心和积极性。如果不能跨过这道坎而只满足于现状，那么就会原地踏步。这样的人数不胜数。至少要付出哪怕比这些人稍微多一点点的努力，才有可能在自己的领域中冒尖。要想成为在 10 年间不断发展、成长的程序员，必须将自己置于艰苦的环境，不断积累经验教训，只有这样才可能成为专家。

在同一行业或同一家公司工作 3 年后，基本可以掌握成为技术人员所需了解的 98% 的知识。从业 3 年的程序员和从业 10 年的程序员做出的软件在外观上看不出什么差别，只有实际使用时，才能体会到二者的稳定性和维护便利性存在很大不同。这是决定项目成败的核心要素。从业时间长的程序员具备积攒多年的实力和经验，只懂技术的人无法与之相提并论。技术员与专家的距离只有 2%，但这 2% 却需要用 7 年以上的经验去填补。为了那 2% 的空缺，专家需要用至少 7 年的时间去创造只属于自己的独家秘诀，总结个人经验，提高实力。也许有人会想：“就为了那区区的 2%，有必要花费这么长的时间吗？”若想成为被认可的专家，必须付出比这更多的努力。

我们耳熟能详的那些成功人士，无一不是经过长时间的磨炼才获得今日成就的。他们不只致力于 98% 的技术，而是将更多的时间和精力用在了那欠缺的 2% 上，为了达到甚至超越 100%，他们无惧一天一天近乎残忍的磨炼，最终获得了成功。这种积攒实力的过程正是在自己的领域出人头地的保证。

神经学家丹尼尔·格拉德威尔也提出了相似的理论。他认为，要成为某个领域的专家，需要 10 000 小时。10 000 小时是什么概念呢？我们可以这样计算，如果每天工作 3 小时，每周工作 20 小时，那么成为一个领域的专家至少需要 10 年。这就是“10 000 小时定律”。

这个时代需要的是有实力的专家，如果你是一名具有 100% 技术能力的专家，那么机会自然会找上门来。从我们羡慕的专家身上不难看出，他们都在自己的职业中有着突出的业绩。这些人正是通过工作和职业发掘自身才能的，他们不是为了挣钱才工作，而是为了实现自己的理想和抱负而努力。也就是说，如果只是为了维持基本生计而工作，那么很有可能半途而废。

让我们看看美国计算机科学家、Sun 公司（已被“甲骨文”收购）创立者之一比尔·乔伊的事例。乔伊在 20 世纪 70 年代初开始学习编程。当时的计算机可谓庞然大物，一台计算机可以占满一个房间，而价格也超过 100 万美元，且内存容量和 CPU 运算性能非常不尽如人意。在那个年代，能接触到计算机本来就不是一件容易的事，编程更是难上加难。当时的编程是在穿孔卡片上打孔实现的，所有代码都用打孔机打孔来记录。如果想编一个复杂的程序，就需要几百甚至数千张穿孔卡片。可以想象在这种环境中，要成为一名程序员该多不容易。一位计算机科学家这样描述当时的环境："用穿孔卡片编程，这不是在学习如何编程，而是在培养耐心和纠错能力。"计算机就在这样的条件下慢慢发展，直到计算机科学家们开发了计算机共享系统。

从此，计算机共享系统取代了穿孔卡片，乔伊也开始使用共享系统进行编程。幸运之神再次眷顾，校方为他 24 小时开放计算机室，从那时起，乔伊开始了夜以继日的编程生活。通过坚持不懈的反复尝试，当重新开发 Unix 代码的需求浮出水面时，乔伊最终得以胜任。乔伊日后回忆起最开始编程的那段时光时说，他花了 10 000 小时，也就是 10 年的时间。写程序的人都知道，熬夜写代码是家常便饭。但如果像乔伊这样享受编程，就能将永不枯竭的精力转换为对工作的热情。

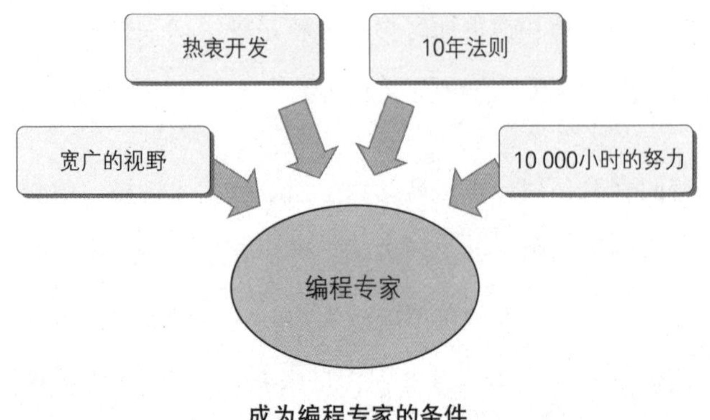

成为编程专家的条件

通过整理不难看出，成为专家最重要的因素便是“10 年法则”和“10 000 小时的努力”。看到这里，如果各位立志于成为专家，那么必须全身心地实践“10 年法则”和“10 000 小时的努力”。

“现在再去实践‘10 年法则’已经太晚了吧?”如果各位有这样的想法也不要放弃，你需要的只是加倍的努力。什么时候开始并不重要，有意义的是“已经开始了”。此外，从觉醒的那一瞬间起，之后 10 年要如何度过则更为重要。如果已经具备足够的经验，那么不一定需要 10 年。

我还想强调一点，在这 10 年时间里，不能只专注于编程而完全不涉猎其他领域。换句话说，不要成为一个除了编程什么都不会的“傻瓜程序员”。

这是一个学科交叉、领域交互的时代，编程也会与各种各样的领域产生联系。只有对相应领域有足够认识，才能编写出正确的程序。史蒂夫 · 乔布斯曾经说过:“‘苹果’正是借助了技术与人文学的交叉点，才创造出了具有革命性的产品。”我们不知道何时会为何种领域编程，所以我建议大家，平时广泛涉猎各个领域的书。这个建议是最现实的，也最容易实现。在现实生活中，我们经常能见到只专注于编程的程序员，我个人觉得非常可惜。如果你看美国情景喜剧《生活大爆炸》时，觉得主人公身上有自己的影子，说明你需要改变。那么，现在开始去涉猎更多的书吧。

一个组织中，会有一种“30-40-30”法则，意思是 30% 的人对该组织有贡献，40% 的人维持现状，剩下的 30% 需要他人帮助。其中，对组织有帮助的 30% 的人就是专家。现在是专家急缺的时代，一名好的程序员也必须是这个行业的专家。各位准备好成为一名优秀的编程专家了吗？

我们需要警惕的并非不知何时会发生变化的外部条件，而是安于现状的自己。如果 10 年如一日坚持不懈地充实自我，终有一日，你必将成为优秀的编程专家。

02 为什么要成为程序员的领导

在前一节，我们明确提出“程序员必须是专家”这一点。对于程序员来说，如果不能成为专家，职业生涯也就失去了保障。因此，这是程序员必须确立的目标中的第一个课题。

假如各位已经完成了第一个课题，公司将让你担任中层管理者，此时该如何做呢？

“成为肩负程序员领导角色的中层管理者吧！”

我比较推荐这种方法。我们都是程序员出身，可能相对缺少管理学方面的知识，但对程序员的工作和业务了如指掌，这正是我们的优势所在。只有把当程序员时积攒的经验发挥到极致，才能当好一个肩负程序员领导角色的中层管理者。

“领导”，顾名思义，是带领和指导他人的人，同时也是带领成员共同达成目标的领头人。不仅如此，领导的主要任务还包括关心成员的发展和成长。分配任务时，不是单方面下达命令，而是更重视说服的过程，比如对成员详细阐述负责一个项目时能学到什么、能得到什么样的成长、能获得什么样的利益。

与之形成对比的是，管理者主要关注如何有效处理工作过程中不可避免的事情。比起团队的士气或希望，成员更在乎的是利润和价值，所以他们的意见并非特别需要重视和思考的问题。在规定的时间内完成任务是最重要的，如果时间不足，就需要让每一个成员像机器一样以最大强度展开工作。只关心工作进度而不考虑事情是否朝着正确的方向前进，这种疏忽在日常工作中非常常见。如果用这种形式进行管理，短时间内可以取得不错的成果，但结果通常是成员得不到任何发展，产出的成果品质很差。长此以往，组织的效率将变得低下。

领导与管理者的区别

区　别	领　导	管理者
特征	成员的未来、梦想、组织的发展	重视组织效率和成果
关注范围	说服、必要性、战略	统计性选择、业务执行方法
重要观点	效果	效率
目标	规划	目的
达成方法	做正确的事	正确地做事

程序员是脑力劳动者，他们的精神和心理状态都会对成果的品质产生影响，这一点与制造业不同，维持效率与品质的环境也不同。制造业可以量化考核工程、作业标准、设备自动化和品质标准等，但在软件开发中，精神和心理状态的影响更大，波动性也就更大。

因此，在软件开发这个领域，如何提高士气是一个需要一直思考的问题。程序员只有用发展的眼光看问题，才能不断思考如何提高程序的品质和性能。当程序员意识到项目本身其实也是自身发展的一个过程时，自己就会不遗余力地提升技术。

我之所以一直强调程序员的领导角色，是因为在当今的韩国，软件行业危机四伏。众所周知，韩国是 IT 强国，但讽刺的是，软件行业可谓青黄不接，理工科行业的排名很低就是最好的证明。现在，计算机工程的排名与 20 世纪八九十年代相比不进反退。不仅理工科领域的活跃度不高，在比较艰难高深的领域，甚至 3D 行业中，也处处充斥着程序员们的自嘲。如果这种状态一直持续下去，整个软件行业和所有程序员都将没有任何未来可言。

我们必须让程序员看到希望，要支持他们成为专家，鼓励他们即使遭遇瓶颈也要坚持不懈，不能轻言放弃。“程序员是吃青春饭的”“程序员是个低收入职业”，要齐心协力摆脱这种偏见，这正是有着程序员领导角色的中层管理者应尽的职责。至此，各位应当能够明白我的意思，对，就是“培养程序员”。从一个程序员前辈的角度看，中层管理者有职责做这件事。

对于肩负程序员领导职责的中层管理者来说，首先需要具备专业性，所以才说“程序员必须是行业专家”。如果不能被认为是专家，那么程序员在公司中也不可能得到成为中层管理者的机会。

其次，肩负程序员领导职责的中层管理者需要具备领导力。

对于获得领导力的方法，世界领导力专家约翰·麦克斯韦尔这样说：“不是谁任命你当领导，你就具备了领导力。你必须在成员身上发挥个人影响，这才是领导力的获得方式。”

此处所说的“发挥影响”并非利用权力强制他人执行某件事。领导下达指令后，成员们毫无怨言地接受分配给自己的任务并全身心执行，这才是真正的发挥影响。

没有人的影响力是与生俱来的，那些看似天生就具有影响力的人也是经过后天血与泪的习练与经历才铸就的。

第一次坐上领导位子的人中，很多人甚至不知道应该怎样制定项目计划，还有一些人不知道该如何给下属布置工作。这其实很正常，因为这些人也是程序员出身，“半路出家”做了中层管理者，他们身上并不具备领导力。就像刚入程序员这一行时一样，初次接触管理领域都会显得无比慌乱。

领导力并非只是领导所需，日常生活、校园生活、职场生活等绝大多数社会生活中，都需要领导力。公司因为常常充斥着各种各样的危机，所以特别需要有领导力的职员。组织希望那些职员可以利用其领导力，带领公司走出困境。从这一点上说，组织寻找具有领导力的领导就是在寻找生存之道。

如果一个程序员专家同时也是具备超凡领导力的中层管理者，那么他就很有可能成功。这也正是我所提出的方法，即“成为一个程序员专家，再加上领导力，变成肩负程序员领导角色的中层管理者”。

现在，让我们正式进入本书主题——“程序员的领导力”。

03 程序员领导必备的领导力

领导力是一个领导必备的心理建设和行动指南，它并不是石头缝里蹦出来的。正所谓“近朱者赤”，一个好的领导周围自然会聚集一群有能力的人。仅有个人魅力是远远不够的，还需要一种能让周围人追随自己的能力，二者和谐交融，才可称之为领导力。程序员会自然而然地追随为自己创造机会和谋求福利的领导，只有跟随这样的领导，才会感到“跟这个领导共事、一起解决难题，让我有成就感，还能学到很多东西”。

那么，如何才能成为好的领导呢？首先，要想员工之所想。

一方面是金钱。程序员希望得到和自己的付出成正比的薪水，但非常遗憾，中层管理者并不能在金钱方面提供很大帮助。直接决定薪资的是掌握财政大权的管理层或者部门领导，中层管理者只能通过人事考核在程序员的薪资调整上为其提供支持。在金钱方面可以提供帮助的范围仅限于此，中层管理者不但要自己明白这一点，更重要的是要让程序员明白，超出自己权限范围的事情，即使做了也是无用功。

另一方面是技术。中层管理者虽然在金钱方面不能提供什么帮助，但可以在技术和经验方面提供切实可行的建议。技术可能不会马上转变为金钱，但会让程序员感到“我可以从这个领导身上学到很多高级技术和经验”，从而心服口服地跟随这个领导。刚开始时可能会比较累，但终有一日，受过的苦和累都会转化为自身价值，自己的能力和价值得到提升，如果跳槽就会获得更好的待遇。

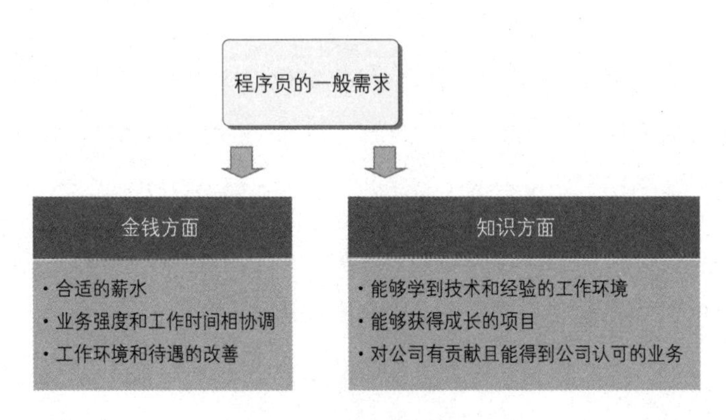

程序员的一般需求

从这两方面的需求看，比起金钱方面的条件或待遇，通过技术和经验更能提高程序员的满意度。

程序员渴求知识，希望不断成长，即使要受苦受累 1 ~ 2 年，且薪资待遇并不怎么样，只要能有收获、得到发展，也可以挺过来。就算实际薪酬不及期望薪酬，如果能学到东西，他们就可以坚持下去。在欲望金字塔中，对知识的欲望处于对金钱的欲望之上。技术能力是程序员的自尊心，即使现有条件不能满足自身要求，为了获得更优越的待遇，程序员也总是不断学习，提升自我。

因此，越是待遇不佳导致离职率高的情况，越应当增加技术培训，谋求公司和程序员的相互发展。如果一个领导不愿意传授核心技术，那么程序员必然不可能成为专家。就像前文提到的，“肩负程序员领导职责的中层管理者”中，引入了“培养程序员”的概念。如果不能得到培养，那么程序员不可能成为领导。认为在一家公司再没什么可学的程序员都会跳槽。

一旦决定通过培训和技术提升领导力，那么一定要果断执行。新技术出现后，自己要在最短时间内掌握并教给其他程序员，同时将自己积攒的经验和秘诀毫无保留地传授给他们。“培训”才是最好的、最自然的领导力打造方法。与此同时，一定要牢记，程序员对待技术有异常强烈的自尊。每一个程序员都对自己的技术信心爆棚，经常想和其他程序员比试。因此，教授技术的时候需要注意，不要伤害程序员的自尊。大家同为程序员，要尊重他人，不要做触碰他人底线的事情。

04 提升领导力的有效方法

理解领导力的原理后，就能划分领导做不到的事和必须做的事，也能选择并专注于更有效增进领导力的业务。下面通过计算机程序或算法分析领导力的原理。

领导力实现于领导人和被领导人之间，被领导人与领导人共事时，总会抱有获得有形或无形利益的期望。被领导人的期望可以归结为年薪、业绩、工作环境的改善、实力提升、社会关系、升职等。

马斯洛在需求层次理论中，将各种需求分成了 5 个层次。

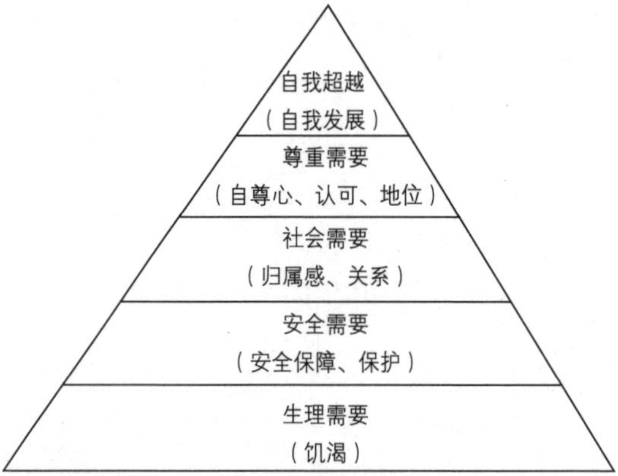

自我超越
（自我发展）
尊重需要
（自尊心、认可、地位）
社会需要
（归属感、关系）
安全需要
（安全保障、保护）
生理需要
（饥渴）

马斯洛需求层次理论

将马斯洛的 5 种需求层次理论应用于社会生活时，第一层和第二层是关于薪水与退休、稳定性、工作环境的需求，第三层则是与公司同事的关系，第四层是升职等获得更高地位的需求，第五层是从社会生活中获得价值和得到自我发展的需求。

其中，第一层、第二层和第四层需求是公司或管理层需要考虑的要素，这些需求往往超出中层管理者的权限范围。虽然解决这些问题将更利于发挥领导力，但每个公司或组织都有自己的规范和习惯，不做越权之事才是明智之举。因此，与其在这些方面做不必要的努力，倒不如致力于更现实的、可实现的部分。

领导需要费心的是第三层的归属感、关系等相关需求，以及第五层的自我发展需求。将第三层需求中的归属感、关系作为成员们关注的出发点，可能会得到更加显著的效果。

人会对关注自己的人产生好感。与公司同事、项目组成员产生矛盾，都是从对那个人心生厌恶开始的。如果对方的能力、性格、外貌等不合自己的心意，那么就会在这些方面更看不惯对方，矛盾和冲突自然也就产生了。领导不但要和关系好的成员继续搞好关系，更重要的是与那些反感的成员维持关系，消除矛盾，解决冲突，让成员切身体会到归属感。

有句话说："累死你的不是工作，而是工作中遇到的人。"成员与领导产生矛盾并有反感情绪时，多数情况下都会选择离开。正因如此，领导更要与成员维持良好的关系，要让成员体会到归属感。只有对归属感和关系的需求得到满足时，成员才会感受到安稳，才会由衷地认为，虽然工作很辛苦，但走到哪都不会遇到这么好的领导了。

当对归属感和关系的需求得到充分满足后，成员会渴望满足第五层对自身发展的需求。如果一个程序员与他的领导共事时，认为自己的技术、经验、成果等得到了提高，又能获得许多与自身发展相关的机会，他就会对自己的未来充满希望。自我发展的需求可以左右人心，影响巨大。满怀希望的人会身随心动，无论多么困难的条件都可以克服。

那么，如何给成员提供发展机会呢？可以从寻找每个人擅长的方面做起。换言之，发掘成员的长处，为其提供发扬长处的机会。有的成员文档写得很好，有的成员擅长编程，有的成员特别有耐心，也有的成员擅长构建 UI，每个人都有自己擅长的领域，这些长处都会对公司提供帮助。领导必须能够发掘每个成员的长处，并为其提供发展机会，且善于称赞。有些时候，成员们缺乏的只是一个机会，只要有机会，原本就肥沃的土地会取得更好的收成。成员会感受到自身的成长，也会认可自己的工作，觉得付出很有意义。

接下来，需要为成员设置目标。目标一定要设置得远大且华丽。比如有的成员擅长编写文档，那么不仅要鼓励他成为专家，更要为其设立目标：成为“前 1% 的行家里手”或“国内最棒的文档编写者”。在向着目标努力的过程中，为了让其有成就感，可以告诉他参加专业的资格证考试。现代社会分工细致，在任何一个领域获得专家称号都能促进成员的发展。

下面说说我自己的经历吧。一次，我听说公司某位同事第二天要辞职，因为好奇离职原因，所以我找到了当事人。这位同事说，公司的工作环境虽然很好，但没有一个可以敞开心扉说心里话的人，而且看不到任何希望。这个同事由于自己性格的问题，与其他同事的关系不是很好，所以有很多不开心的经历。这就是没有满足马斯洛需求层次理论中第三层需求的典型事例。

听完他的话，我邀请这位同事参加了我们项目组的小型学习活动。通过这次活动，该同事马上产生了归属感，也恢复了对自身发展的需求。后来，这位同事没有辞职，继续在我们公司工作。这件事让我明白了一个道理：即使工作环境、薪水、升职等条件没有变得苛刻，程序员依然会另寻出路。

即使公司赋予领导的权力是有限的，也并不影响领导力的发挥。在权力有限这件事上，所有领导（中层管理者）的处境都一样。唯一不同的是，在权力范围内做什么样的选择和专注于什么样的事情，不同的做法取得的效果是截然不同的。从强化关系、给予归属感、提供更多更好的自我发展机会着手，一定会取得良好的效果。

05 传授技巧，打造左膀右臂

成功的领导会产生一种自动汇聚人才的气场，但如果汇聚的人才不能形成组织，那就和粉丝俱乐部没什么两样。要想将人才的力量最大化，就需要组织，组织运作中的得力助手称为“左膀右臂”，用带点江湖气息的说法就是“左青龙，右白虎”。

为了获得“左青龙，右白虎”，需要选择并培养自己最信任的成员。当“培养助手”这个课题摆在面前时，领导要先向成员抛出橄榄枝，让他们心中升起信任和忠诚。不仅如此，若想让成员踏实工作，领导首先要表现出无比的勤恳，摆出正确的姿态。基于信任建立关系没那么容易，领导更要毫无保留地传授自己的技术、秘诀，并给予成员绝对的信任。

建立在信任之上的“左膀右臂”一旦形成，很多事情就能够交给他们负责。这些得力助手感到心理上的安定后，会对整个团队的稳定产生作用，从而有利于全体成员的长期成功。

需要注意的是，领导不能因为害怕成员超过自己而不传授核心技术，只教一些无关痛痒的内容。当成员知道领导并未将核心技术教于自己时，会认为领导其实并不信任自己，好不容易建立的信任关系也会随之破裂。

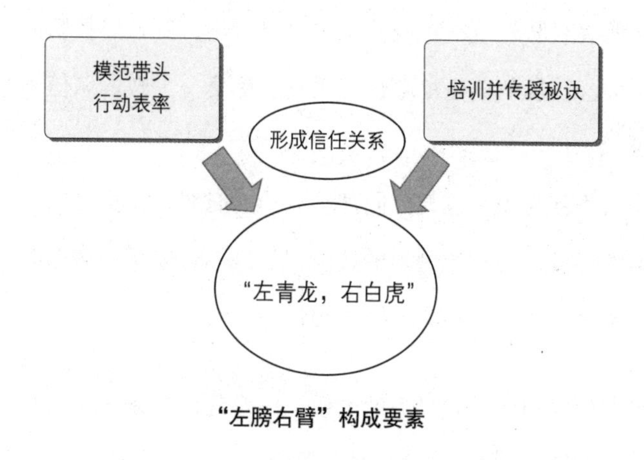

“左膀右臂”构成要素

领导其实没必要害怕逐渐成长的成员会威胁自己的位置，因为成员跃居于领导之上的概率不足 10%。同时，大部分公司会更重用可以为公司培养人才的领导，不会轻易地将这样的人才逐出公司。在领导的帮助下有所成长的成员会心存感激，领导也会感受到来自成员的尊重。很少有成员会背叛对自己有栽培之恩的领导，因此，因为害怕成员超越自己而阻断其前进道路不过是下策而已。

成为好的领导首先需要确立的目标就是，即使自己不在工位上，业务也能正常进行。如果领导因为各种原因不在岗时，业务变得混乱无比，必须本人重返岗位，项目才能正常运作，这就证明该团队存在问题。当然，也没必要认为，自己不在时团队也能正常运作是自己的地位发生动摇的体现。作为一个好的领导，这正是自身价值最好的证明，应该为此感到骄傲。要时刻想着自己和成员同舟共济，既要为成员创造取得优异成果的机会，也要使自己不断发展与成长。

从那些组队较量的在线游戏中可以看出，胜败对战队的士气影响非常大。获胜的队伍忙着相互鼓励和称赞，失败的队伍则忙于互相埋怨。

公司业务与项目也与此同理。成功的时候，成员之间会分享成果，称赞对方在工作中做出的贡献，气氛一片欢乐；失败时会寻找原因，此时，领导会承担最大的责任。

本章主要阐述了领导力的本质，以及程序员领导必须具备的领导力。第 2 章将介绍如何进行项目管理。

第2章

项目管理

06 不畏惧新项目

开始新项目之前，每个人都会感到畏惧，特别是对于那些规模较大而自己没有相关经验的项目，恐惧感会更加强烈。

从项目本身来看，恐惧有两种来源。一种源于技术难题和相关知识的欠缺，另一种源于项目的重要性或对业绩的要求带来的压迫感。

技术难题和相关知识的欠缺带来的恐惧一般来说不是全局问题，大多数焦虑是担心自己不太明白的部分问题能否顺利解决。对于项目上存在的热点问题，一般和高级程序员讨论研究即可，结果可以解决或避免。

项目的重要性或对业绩的要求带来的压迫感引发的是情感上的恐惧。如果上司一直强调“我很期待这次的项目”“这个项目关系到公司的生死”，那么肯定要比接到普通项目时的压力大得多。如果身处备受众人关注的项目，责任感会大幅度增加。这种情况需要用理性的方法应对。在项目正式开始前，要确认谁做过类似的项目、过程中用到了什么样的资源等相关信息。与前人比较后，认识到其实自己的能力并不比其他人差时，心中的恐惧感也会消失。

下一步要思考的是，同组的成员是否有足够的能力承担这个项目，然后整理出详细的资料。这样做可以从一定程度上提高项目的成功率，客观计算成功概率能够缓解迷茫和恐惧。来自他人的关注会造成心理负担，这种负担会加重恐惧。在这种情况下，本来无比自信地认为“我可以做到”，结果某一个瞬间就会变成“我真的可以吗”。因此，计算成功概率并以此抛开疑虑，这才是正确的方法。

恐惧的类型与解决方法

恐惧的类型	解决方法
技术难题和相关知识的欠缺带来的恐惧	得到技术方面的帮助即可解决或避免
项目的重要性或对业绩的要求带来的压迫感引发的恐惧	客观计算成功概率并实现突破

此外，领导给成员分配任务时，要时刻记得成员会对项目产生恐惧，领导的责任就是帮助成员彻底克服困难、消除恐惧。领导不仅要从感情上让成员们体会到责任感，还要为其提供技术支持。

如前所述，恐惧源自内心。不要怀疑自己的能力和可能性，对自己的目标要有必胜的信念。希望得到周围人的尊重和认可是人类的本能，所以做项目时，想象成功后和众人分享自己的喜悦，这样会产生更大的动力。

07 做好项目的前期准备

开始一个新项目之前，必须探讨成功的可能性和项目可行性。可行性通常可以通过几个条件判断：项目开始后会产生多少利润、现有环境是否符合项目开展需求、项目会带来怎样的效应。

如果上述这些条件全部满足，则需要详细考虑最后一个问题：项目的执行余力。先确认项目执行过程中需要的资源、人力及日程，通过品质提高程度判断整个团队的技术实力。如果上述有任意一项不满足要求，那么即使是很好的项目，也不会顺利进行。

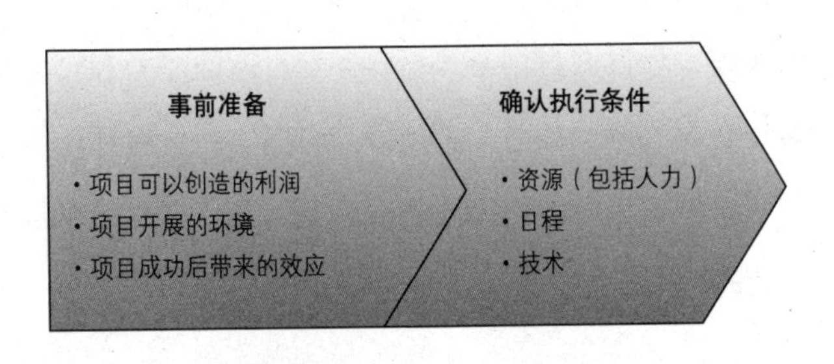

项目开始前需要确认的内容

当保证项目顺利进行的条件均已完备，那么可以怀抱希望，对成功后可以获得的利润和将要开拓的“蓝海”充满信心。事实上，如果能够像这样轻松地直接得出结论，那么基本不需要担心。

最困难的境遇是，各种资源不足导致不知道是否应该开展项目，而又必须做决定。主张应该进行的赞成方和持不同意见的反对方争论不休，当事人进退两难。即使决定开始项目，也不能保证可以顺利进行。当初提出的那些危险要素一一迸发，进行过程中意想不到的问题更是层出不穷，这些都让项目举步维艰。但是既然已经做出了决定，就不能中途放弃，只能硬着头皮进行下去。

讨论很难判断是否可行的项目时，领导需要注意不要出尔反尔，最大限度地减少推翻自己论断的次数。如果不能坚持自己的决定，只会让成员怀疑领导的判断能力，甚至完全失去对领导的信任。因此，即使放弃项目，也不能失去组织的信赖，因为日后还将与成员面对新的项目。

下面通过假设场景，具体阐述项目开始前的讨论过程中会发生怎样的状况。

项目讨论过程中，有一个成员说："这个项目好像很难进行下去。"他的意思其实是"现在并不具备项目所需的技术和资源"。领导听了成员的话，觉得好像是这么回事。本来就没有任何可借鉴的经验，硬要开展又必然会出现许多危险因素。经过深思熟虑，领导告诉成员，自己决定放弃这个项目。

但是公司管理层说："这个项目绝对不可以放弃，无论如何都要进行！"换句话说，这是与公司生死攸关的项目。管理层还会对领导说："连试都没试就说难？这压根就是你们不想工作的借口！"甚至还会说出“如果你对这个项目不能尽心，那就换人！”这种话。此时，事关领导仕途，自然不可能无视管理层的意思。

听了管理层的话，领导改变主意，准备重启项目。而当初对项目可行性心存疑虑的成员会再次抱着疑问并提出质疑，确认之前的条件是否发生变化。但遗憾的是，资源既没有增加，问题也没有解决，一切不过是管理层的一厢情愿。成员们心怀不满：“就算管理层施加了天大的压力，可这也不是想当然就能解决的事情啊！”最终的结果就是，即使项目开始进行，也无法得到成员们的积极支持。

现实工作中，上述这样的成员数不胜数。如果真的想把一个项目做好，领导需要坚持自己的意见，具备不被他人左右的强大的意志和勇气。上述例子中的领导就没能做到这点，他的做法最容易失去成员的信任。领导一定要从客观的角度分析并决定项目是否可以进行。

以我多年的经验，一个项目如果一开始就经历反复，那么最后通常都会流产；务必进行的项目都是一经决定，绝不反悔。只要是必须进行的项目，那么无论如何都不可以放弃，而对于有诸多顾虑的项目，则应当具备决绝的勇气和决断力。即使会有遗憾，也可以再寻找新的、更好的项目。

领导在项目进行的同时，也应当注意对团队成员的培养，因为领导力就是生命。重要的是，领导一定要果断决策，避免丧失领导力。

08 高效工作的日程管理方法

本节主要讲解需要同时处理多项业务时，如何有效下达指示并管理日程。在此之前，我们先想想程序员熟知的 CPU 进程管理方法。

CPU 处理程序的方法可以分为两种，一种是“非抢占式调度”，另一种是“抢占式调度”。

“非抢占式调度”是指，后一个程序必须等待前一个程序完全执行后才可以进行。

“抢占式调度”是指，当前进程运行过程中，如果有更紧迫的进程，则先运行该进程而放弃当前进程。在“抢占式调度”中切换进程时，会产生“上下文切换”这种系统开销。当前程序的运行位置、正在计算的数值、状态信息等资料均可保存，同时读取新运行程序的代码位置、变量、状态等。因为既要处理实际业务，又要进行附加业务，所以消耗大量时间，效率低下。为了改善这种作业方式，“多核 CPU”应运而生。

程序员的业务处理方式与 CPU 的“抢占式调度”十分相似。不同的是，人类在停止当前工作并开始其他业务时，系统开销的程度比 CPU 更甚，且人类并不具备“多核 CPU”那样可以在同一时间完美处理多个业务的能力。因为人类和多核 CPU 有着本质上的不同——人类只有一个大脑。

程序员开始一项业务时，需要详细了解程序的结构和业务的范围。准备阶段结束而正式开始业务时，便会沉浸于此。此时，程序员工作效率最高，完全不知道时间的流逝。在此过程之后，程序员会感受到业务的难易程度，进而为了取得成果加快速度。

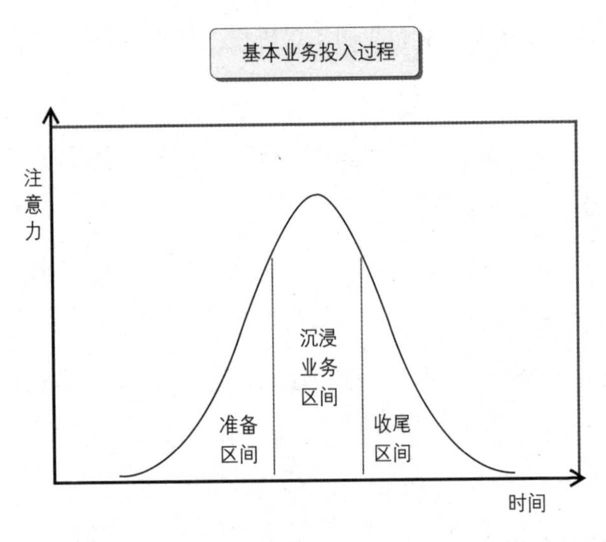

业务投入过程

但现实中的业务进展不会如此理想。最大的问题也是最大的变数是，业务进行过程中又出现了其他业务，使得当前业务发生变动。进入投入过程前，接收到关于其他业务的指示时，会对正在进行的业务产生影响。完成新业务再回头处理旧业务时，可能已经忘记之前的准备工作，不得不重新开始。为了唤醒记忆，又不得不投入更多的时间，这就造成了不必要的时间成本。因此，提升程序员业务效率的方法是，尽量优化业务顺序。

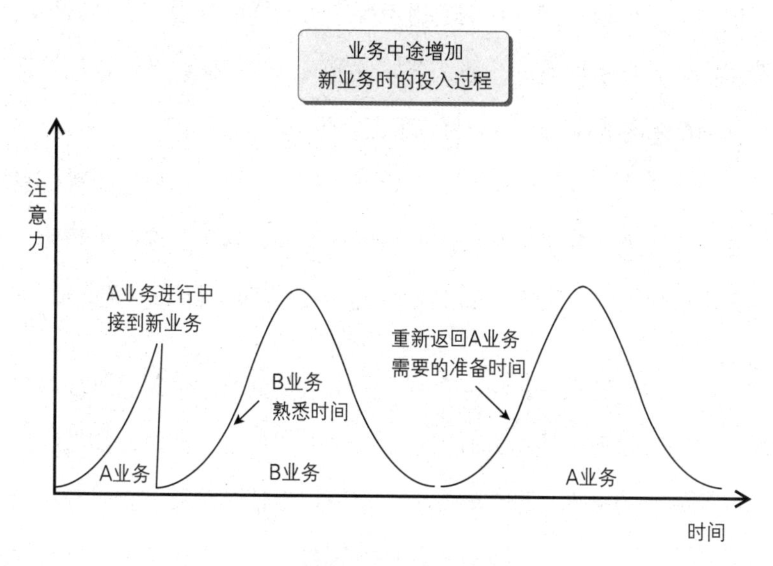

并行业务的处理过程

程序员优化业务处理顺序时，最大的绊脚石就是上司的业务指示，所以领导要尤其注意这一点。

如果每次出现新业务时，领导都直接让程序员改变业务顺序，那么正在进行的业务就会被迫中断，程序员不得不着手准备新业务，并考虑如何解决此后的一系列问题。而在此期间，新业务一旦变更或被取消，那么这段时间程序员做的准备工作就都变成了泡沫。因此，领导不要一接到新业务就马上传达给程序员，要等到新业务彻底落实且现有业务完成之后，再告知下属。

有些领导会有一种错觉：同时下达多项任务指示是高效率的体现。这种思维的错误在于管理者理念作祟，认为“不饱满的业务安排是浪费人力资源”，这是不正确的。追求工作量的最大化是制造业等生产业的作业方式，并不适用于程序员这样的脑力工作者。如果希望同时处理多项业务，那么会导致上文提到的系统开销增加，且得到的结果与成员的实际能力有很大差距。

综上所述，领导要做好日程管理，让程序员在一个时间段内只处理一项业务。如果必须分配两项以上业务，则必须按照重要程度排出先后顺序，处理完优先级较高的业务后，再进行下一项业务。

项目推进过程中，经常会有需求事项变更或发生紧急事件的情况。但同时处理两项业务时，程序员会产生混乱。此时，如果程序员询问领导的意见，那么领导要决定哪件事情更重要，要明确指出先后关系。必要时，在紧急事件中有选择地放弃，而领导一定要对自己的决定负责。

如果领导指出“两件事情都很紧急，必须在规定的时间内完成”，这说明领导在回避自己的责任。结果，两件事情全部失败的可能性非常大。

以我的经验看，意欲同时进行两项业务时，没有一次能成功；把一项业务顺延，先进行更重要的另一项业务，那么没有一次会失败。哪怕只认真地把两项业务中的一项做好，往往也能获得“能力出众、成绩显著”的评价。由此可见，与其希望同时把几件事情做好，不如把一件事情认真负责地完成更重要。

09 需求事项必须落在笔头

越是初级程序员，越不注重对需求事项的分析。去历史记录里找寻原因时，会意外发现没有任何相关记录。初级程序员对需求事项不做任何记录，而是按照自己的理解去判断需求，导致在开发的错误道路上越走越远，最终结果与需求严重不符。有时，程序员甚至不清楚最初得到的是怎样的需求。

为了尽量避免这种问题，我向程序员们传达需求事项或下达指示时，都会要求他们带上纸笔，务必将需求事项用笔写下来。如果有人没有带纸笔，绝不开始会议，在会议进行过程中也会检查与会人员是否认真记下需求事项。

这样做的原因很明确。降低程序员按照自己的理解去判断需求的概率，做好事前准备，让实际的开发按照需求顺利进行。这种做法虽然比较麻烦，但最有效、最能保证正确的开发方向。“终于结束了校园生活，终于不用再做笔记了”，很多人都会有这样的想法，这其实是最大的错误。俗话说：“好记性不如烂笔头。”与业务相关的内容一定要认真地写下来，详细记录需求事项是避免错误或误会的最基本的方法。

脑科学家指出，“手是第二大脑”，由此可见做笔记的重要性。与“硬盘”相比，人类的大脑其实更接近“内存”，也就是说，与存储信息的功能相比，大脑的作用更贴近于思考和创作。试想一下，用一台只有内存、没有硬盘的电脑去工作，会怎么样呢？结果就是，只要切断电源，所有内容都会消失。

“不做笔记”就和“电脑没有硬盘”一样。用手做笔记会提高大脑的工作效率，大脑则可以进行更具创意的工作，充分发挥作用。强调笔记重要性的意义就在于，让大脑得到更高效的应用。

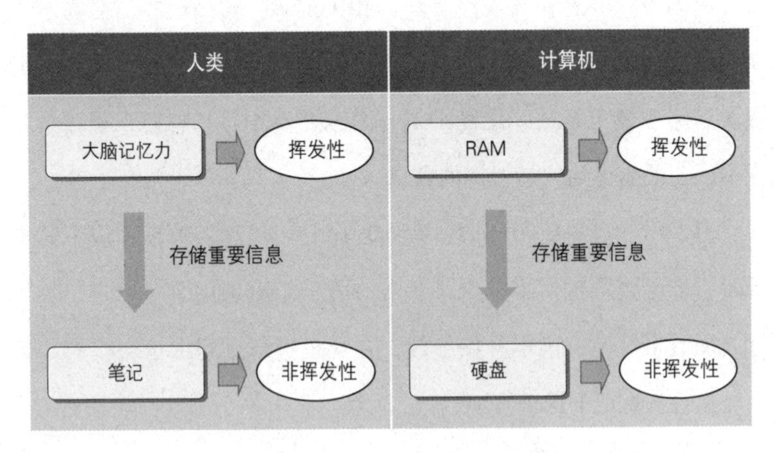

人类与计算机的信息存储结构

从成功人士身上不难看出，他们都是“笔记狂人”。这些“笔记狂人”不在小事情上费心，但一定会在更重要、更具有创意性的事上开动大脑。白纸黑字写下的信息可以随时找到，而记住脑海中瞬间闪现的灵感则更为珍贵，二者在结果上也有天差地别。

任何时候都不要对自己的记忆力过于自信，要时刻保持一颗谦逊的心，并养成随时做笔记的好习惯。我们每天都要接触到海量信息，虽然坚信这些信息终究会成为自己的东西，但如果不用笔记下来，它们不会真正为我所用。

必须养成习惯，随身携带纸笔，有好的想法或者重要的事情时，遵循“六何原则”[1]简单明了地记录下来。不仅是业务需求或领导的指示，还可以随时记录自己的一些想法。将当前看似无用的想法记录下来，终有一日会变成无比重要的资源。做笔记这种小小的习惯会成就大大的未来，不仅如此，好习惯还会给对方带来积极、诚实的好印象。

若想准确无误地将需求事项转达给程序员，较好的做法是本人先亲自记录。程序员不知道领导心思的时候最茫然，既具体又详细的业务指示可以大幅度减少他们的混乱。

① 也叫“六何分析法”，是一种思考方法，从何时、何地、何人、何因、何事、如何发生等六个方面提出问题并思考。——译者注

10 开发现场最重要

从程序员成长为中层管理者的领导在越来越熟悉管理业务的同时，对编程的感觉却越来越淡，导致与程序员的分歧越来越大，往往容易纸上谈兵。我戏称他们为“嘴际争霸”（只用嘴进行的星际争霸），毕竟，动动嘴皮子都能创造出宇宙飞船。

领导的“嘴际争霸”只会导致不好的结果，解决之道在于开发现场。开发现场最需要领导采取的行动不是为程序员分配任务，而是准确把握全局形势和当前业务的难易度、工作量是否与程序员的能力成正比等。

令人感到意外的是，程序员遇到困难时，选择沉默的领导不在少数。因为问题真正发生的时候，领导不知道该如何解决，只能采取观望的态度。这不是领导应当有的姿态。作为领导，要有掌控全局的能力，要清楚地知道问题出现的原因并做出相应的判断。

首先要做出决策，其次要对做出的决策负责。重要的是，对决策要有责任感，领导有多大权限，就要负起与权限相应的责任。倘若领导对自己做出的决策逃避责任，则说明他没有做领导的资格。

另一方面，有些领导为了确认开发方向，到开发现场后会插手程序员的业务，在开发现场给程序员提供方案或直接帮其解决问题。

领导这样做的出发点是为程序员着想，然而这并不明智。领导亲自出马后，即使程序员有更高效的解决方案，也会觉得不应当提出，只能满怀负担地跟着领导干。

领导的职责中，很重要的一部分就是人才的培养。若想提升程序员的业务能力，必须为其创造更多实践机会。因此，不要只让初级程序员埋头开发，也要让其亲自聆听客户需求；与相关部门开会时，也要让他们列席会议。即使水平有限，也可以让他们试着陈述、演示，交流学习。

要想将程序员培养成人才，领导需要给予的照顾之一就是培养其领导力。为了实现这一目标，要循序渐进地把所有工作交给程序员处理，从资产管理开始，逐步发展到组织架构、构建、运营。如果因为害怕程序员把事情搞砸而只交给他们一部分事情，那么程序员的责任心和努力也会相应减少。当然，把所有事情都交给程序员，并不意味着领导只需观望。领导应当在程序员遇到问题的时候耐心解答，提出合理的意见和建议，也要在程序员感觉到疲惫的时候给他们加油打气。

另外，即使将业务全盘交给程序员处理，责任还是需要领导承担的。因此，领导要告诉程序员不必担心，让他们充分发挥自己的特长及能力，要给程序员足够的信任。长此以往，程序员终有一天会成长为领导。也就是说，领导要培养能够培养人才的人才。

现实中还经常出现这样的情况，公司管理体系发展的速度赶不上公司成长的速度。为了追求稳定的未来，公司必须构建一套与其规模相吻合的管理系统。随着公司规模的扩大，需要管理的范围也会扩大，如何进行管理也就变得更加复杂。因此，得知开发现场变大后，就要为其构建相应的业务流程，这一点非常重要。

业务流程中，最重要的就是检查清单和文档格式。通过检查清单可以确认是否有遗漏，文档资料则需要统一格式。文档格式可以减少文档编写时间，还可以提升文档品质。

此外，领导觉察到公司的处境危险或感到不安时，一定要事先做好应对准备。使公司人才不流失的最稳妥的道路是，在内部培养人才。公司经营状况不佳时，人才被挖墙脚会导致公司更加步履维艰。因此，如前所述，培养人才最有效的手段是给程序员实践的机会，让他们积攒实战经验。

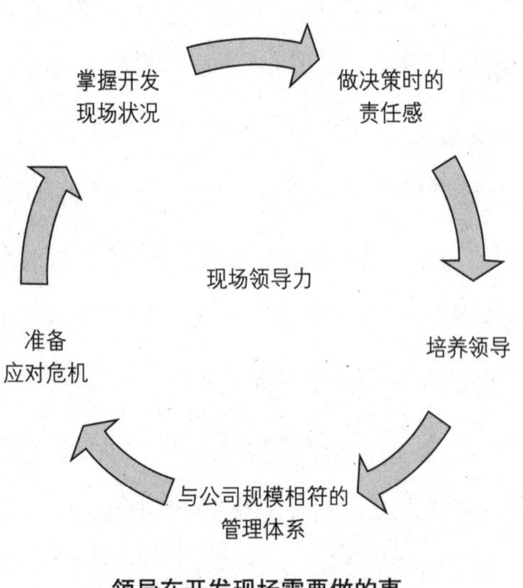

领导在开发现场需要做的事

领导要时刻牢记，答案就在开发现场。实践出真知，在现场积累的实践经验要比死记硬背的理论准确得多。

11 结对编程

美国软件工程师肯特·贝克提出了“极限编程”软件开发方法，这种方法更适用于小规模团队。极限编程方法中有基本的开发技巧，只提取其中一部分并与其他开发方法相结合，也会非常有用，本节要讲的结对编程就是技巧之一。

结对编程指两位程序员坐在一台电脑前，合作完成同一个设计，一人负责实际编程，一人负责检查。现如今，双显示器、无线键盘、无线鼠标的普遍应用为结对编程提供了方便。“众人拾柴火焰高”，这两位程序员其实是互补的角色。两个人相互支持、相互帮助，在规定的时间内集中精力完成任务。一个人工作会很难把握方向，遇到许多困难，还可能思维受限；两个人则可以随时讨论，找出更有效率的方法，对双方都是一种帮助。

结对编程最大的优点就是，开发新项目时可以减轻程序员的心理负担，即使负责有风险的工作也不会有太大的压力。不仅如此，两人从多角度讨论问题，有利于预防不利情况的发生。在调试时，也可以发现自己未能发现的问题。这样不仅可以减少程序的 bug，还可以提高软件的品质，缩短开发时间，效率可以提高 40% 以上。这些实践经验可以起到极大的培训效果，对程序员自身能力的提高也是非常有帮助的。交替式的开发形式让初级程序员可以轻松学习并掌握高级程序员的技术，还可以彼此交流经验，这比分享理论更易于掌握。

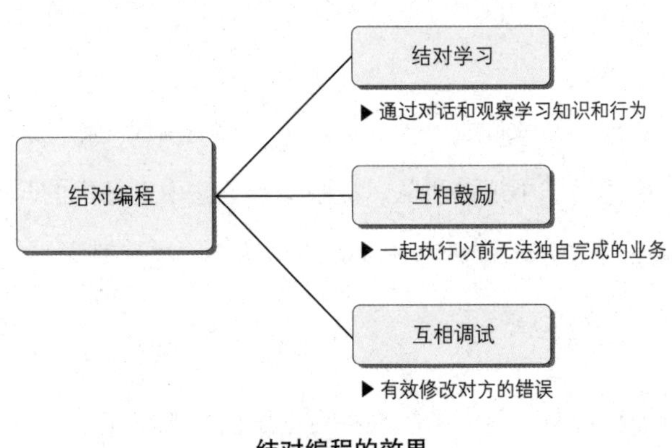

结对编程的效果

进行结对编程时，有一点需要注意。如果与初级程序员合作，那么程序的难度不要超过初级程序员可以理解的水平，因为程序难度的突然增加会对程序员的学习和掌握产生极大的影响。另外，结对编程时的压力会很大，程序员们必须有充分的休息时间才可以继续工作。软件开发的过程中经常会加班，在保证工作时长不变的前提下，进行结对编程的话，压力会增加。据我所知，由于工作强度过大，很多程序员晚上会做噩梦。因此，我建议在规定的时间内，程序员要保证充足的睡眠，这样再进行结对编程。比起两名程序员各自按照传统的编程方式工作，结对编程的效率高得多。

通过结对编程，不仅程序员的实力得到了提高，还鼓舞了程序员的士气，提升了整个团队的开发能力。初级程序员的实力提高得越多，团队领导就越能得到认可。此外，合作不但可以使程序员之间产生友谊和信任，还能够增进整个团队的氛围。

12 项目遇到危机时如何化解

项目进行过程中，什么样的问题都有可能发生。客户需求变更、日程紧张、与管理层有分歧、人手不足等，都可能成为危险因素。如果你是带领全队前进的领导，那么一定会需要经常考虑怎样解决这些问题。可以说，项目上的危机也是整个团队的危机。

那么，应该如何克服项目危机呢？一种方法是，向经验丰富的前辈寻求帮助，对方定会给出其解决方案。首先要学习前辈的成功经验，但现实工作中遇到的问题和前辈遇到的问题在条件、状况等方面不可能一模一样，所以不能直接套用。项目进行时也总会遇到突发状况，越是不可预知的问题，对项目的影响就越大。

那么，项目遇到危机时，领导应该如何应对呢？

最简单的选择是，把当前遇到的问题对成员和盘托出。这种方法最民主，既可以听取各种意见，又可以聚集所有人的力量去解决问题，看起来最行之有效。但是，领导绝对不能选择这个方法。

如果领导对成员们说“现在项目出现了问题”“项目正在面临巨大的危机”，成员们一定会深感不安，觉得项目是不是要失败了。他们会认为：“连经验丰富的领导都无法解决，我们能解决吗？”无形中就会加重负担。项目危机经验并不丰富的成员瞬间就会变成乌合之众。

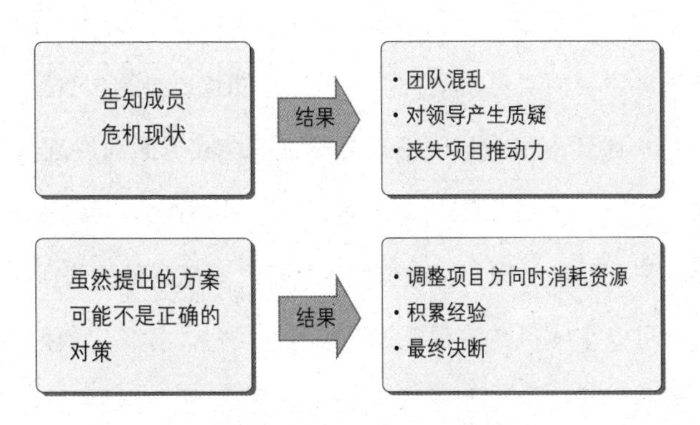

项目发生问题时的应对方法与结果示例

我建议，领导先不要表露出项目遇到了危机，而应当提出可以克服眼前危机的对策，即使不确定这是正确的解决方案。这样做虽然不能马上解决问题，但可以让成员对领导提出的对策产生信任，至少可以继续工作。即使提出的对策不能解决问题，也要先提出，再思考新的对策。

关于拿破仑有一个非常有名的桥段。有一次，拿破仑带领全军顶着寒风翻越山岗，经过一场恶战终于爬到山顶时，拿破仑却说："好像不是这座山啊。"于是，军队又下山爬到了另一座山的山顶，结果拿破仑又说了一句"好像不是这座山啊"。这时，一个小兵说："这家伙好像不是拿破仑啊。"在这个小故事中，拿破仑可能看起来像傻瓜，但在开发现场，这反而是一种更好的选择。

换个角度看待危机并寻找对策，即使不是正确方案也没关系。就像拿破仑那样，先爬到山顶再看。项目进行过程中，感觉到现行对策不能真正解决问题时，就要寻求新的解决方法。

危机的发生必然会提高失败的概率，但危机并不必然导致失败。危机来临时不要茫然，不要表现出一副不知所措的样子，因为以后的日子里可能要面对更多危机。今后还不知道要接受多少开发任务，不能在每次遇到危机或接到新任务时，都在成员面前展现出一副软弱无力的样子，要意识到“现在遇到的危机是在为以后积攒经验”。领导要时刻牢记自己担负着成员们的信任，不能让他们失望。

领导可以在项目结束后再告诉成员经历过怎样暴风雨般的危机，还要明确告知为什么不得不让他们受苦受累，同时对成员们的辛劳付出给予肯定。

13 当程序员诉说技术难关时如何应对

在项目开始之前，领导应该就业务相关内容向成员做出说明，比如项目任务、完成期限等。为了更高质量地完成项目，还应对此类指示做出更详细的说明。在项目进行过程中，最好告诉成员可能出现的技术问题及相应的解决方法、可以参考的其他项目等。只有这样，才会在寻找项目方向时节约时间，更高效地工作。

程序员接收到业务指示后开始开发。在开发过程中，没有任何问题而顺利完成是最理想的状态，但现实并不能尽如人意，遇到技术难题是家常便饭。问题总是在意料之外的地方发生。当程序员遇到技术上的问题而找领导诉说时，领导应该怎么做呢?

首先，假设领导不知道答案。此时，首先应当帮助程序员找到正确的方向，同时将程序员遇到的问题当作自己学习和积累经验的契机。接下来给出 3 种情况，大家思考哪种解决方法是正确的。

第一种情况是，让程序员自己解决问题。这种方法不好，因为这只不过是把问题又抛回给程序员而已。程序员本就百思不得其解，如果再听到领导说“按照这种方式难道不能大概解决问题吗？”或是“这有什么难的，你连这都解决不了？”就会感到相当不爽，感觉自己被无视了。

第二种情况是，领导自己也不知道正确的解决方案，但为程序员指出解决的方向。换言之，告诉程序员以前有人遇到过类似的问题，当时的状况是什么样的，谁对解决这个问题有经验。领导当然可以介绍程序员和有经验的人认识，让程序员亲自拜访并讨教解决方案，但这样做只会提高有经验者的威信。更好的做法是，领导和有经验者讨论可行的解决方案，并将讨论结果告知程序员。

第三种情况是，以寻找解决方案为目的，召集成员进行“头脑风暴”。也就是说，召集几名成员，集思广益，畅所欲言。这样不但可以让成员们明白问题的重要性，还可以获得多种灵感。讨论后，即使不能取得满意的效果，但给成员们展示了领导积极努力的形象，这本身就意义非凡。为程序员寻求解决方案的领导会给他们留下深刻的印象，进而提高对领导的信任。

下面，假设领导知道答案。此时，重要的是为程序员指明方向，调动其主观能动性。接下来看看这种情况下，哪种解决方法是正确的。

第一种方法是，领导亲自出面解决问题。一般来说，交付日期临近时，领导会亲自出马，但最好不要这样做。领导包揽所有事情，其实是剥夺了程序员发展的机会。虽然当下能很快解决棘手的问题，但程序员学不到任何东西。如果领导像这样把所有事情都解决了，那么领导不在时，程序员无法独自处理业务。

第二种方法是，领导指出解决问题的思路。这种方法在未到项目交付日期时使用较好。当然，给程序员思考的时间时，应当有一定的限制，因为项目的交付日期是确定的。一般来说，一天的时间是比较适当的。程序员找出解决方案时，领导只需为其把握正确的方向。还有一点需要注意，该方法更适用于主管级别以上的程序员，而不适用于初级程序员。对于经验并不丰富的初级程序员，这并非一个可以得到发展的契机，反而会迷失方向，更加彷徨。因此，这个方法更适合经验丰富的高级程序员。

第三种方法是，领导一开始就告知解决方案，让程序员亲自执行。这种方法适用于初级程序员。领导为初级程序员详细说明解决方案，并让其亲自投入到方案的执行中，在实践中熟悉。

程序员遇到技术难关时领导的对策

分　类	对　策	内　容
不知道答案时	提供指示	告知找寻正确方案的方法
	头脑风暴	与成员一起进行头脑风暴
	委任（非正确方法）	让成员自行解决
知道答案时	提示思路（高级）	只告知解决方案，让程序员实际执行
	告知正确解决方案（初级）	
	亲自出马解决（非正确方法）	在交付日期临近时使用

领导若想在技术上始终获得程序员的信赖，就必须给予程序员

持续的关注。程序员是专业工种，技术上的信赖感非常重要。为了博取信任，领导要不断积累各种技术上的经验秘诀，并通过培训传达给程序员。如果领导能够耐心地坚持这项活动，必将得到程序员的信任，打造士气高昂的团队。

14 走过低迷期

不想遇到却又不得不面对的陷阱，就是状态低迷。平日里看起来积极向上、什么事都能顺利解决的人，偶尔也会陷入低迷期。对于程序员来说，程序出现问题或没能按期交付，抑或对未来感到迷茫时，就会陷入低迷。

领导也不能避免陷入低迷期。不知道为什么觉得自己作为领导好像还有许多不足之处，成员们好像也不是很听自己的话，项目进展似乎也不是特别顺利，好像不管对什么都提不起兴趣。但是，“在其位，谋其事”，陷入低迷时，如何快速摆脱这种状态对于领导来说尤其重要。这不仅是为了整个团队，也是为了自己。领导的低迷与成员的低迷不同，因为领导的低迷会对整个团队产生影响。如果领导状态低迷，那么整个团队必然士气低下。下面分析领导会陷入怎样的低迷，以及陷入低迷后应当如何应对。

首先，有些低迷来源于领导角色本身。自己的理想和现实相距甚远，因此感到痛苦不堪，时常感叹“我梦想成为的领导不是这样的啊”。虽然自己一直在为整个团队努力，但结果总有不尽如人意的时候。有时还会无比郁闷，为什么别人都能做得很好，而自己却做不到。为了照顾成员，自己看了不少书，也做了不少努力，花费了不少时间，却未能取得理想的结果，此时就会产生强烈的挫败感。其实，这是因为自己认为已经拼尽全力，但其实并未达到一个完美领导的标准。

如果每件事都能像想的那样有条不紊地顺利进行，那再好不过，但世界上有形形色色的人，总有一些人不怎么听话。团队中，有的成员“只扫门前雪”，对他人的困难视而不见。此时，领导必须稳住情绪，要时刻牢记团队精神。这样的成员未能融入整个团队，领导首先需要思考原因。一定要弄清楚是该成员自身的问题，还是领导没有做好激励工作。

其次是项目造成的低迷。项目没能按时交付或品质不佳，抑或重要的项目未能顺利进行，这些都是造成低迷的原因。领导要对全局负责，所以肩上的负担是成员的数倍。项目遇到困难或遭遇危机时，领导会对成员施加压力，成员感受到的压力会原封不动地在成果中体现，导致成果品质欠佳，进而形成恶性循环。

没有人能够自始至终一帆风顺，最后获得成功。如果事事力求完美，关注每个细节，只会给自己带来痛苦。阻止项目失败固然重要，但更重要的是，坦然接受不那么完美的部分，对手头的工作和将来的任务尽最大的努力，摆正心态。

领导也是人，在压力面前也会变得懦弱。“责任”这两个字带给人的心理压力不可小觑。但是，每个人都有低迷期，重要的是承认并接受它，否则每次陷入低迷时都会感到痛苦无比。

低迷的类型

原 因	低 迷	说 明
源于领导角色的低迷	个人问题	能力有限
	成员问题	上下不同心
源于项目本身的低迷	资源不足	品质、交付期限、人员、预算不足
	风险因素	技术难易度、职业生涯受到威胁

低迷是可以被克服的。希望大家把低迷期想象成一门需要交学费的课程，寻找符合自身情况的解决方法。在工作或生活中，留出属于自己的时间，对度过低迷期也非常有帮助。

15 不要吝惜对程序员有帮助的硬件

有的公司因为考虑到成本问题或安保问题，在向程序员提供PC、硬件及周边设备上十分吝啬，这种做法只会让业务效率变得低下。实力相当的程序员做同样的开发业务，在同等条件下，资源的优劣决定了成败。节约成本不是最主要的，提高程序员的开发能力才是重中之重。不要认为花在硬件等上面的钱是浪费，要把这些钱当作一种投资。

以在网络环境中制造服务器端、客户端软件为例。在没有附加硬件资源的条件下，需要使用环回地址 127.0.0.1 开发测试服务器端和客户端程序。但是，即使只提供上网本之类的 PC，程序员也能将 PC 构建为服务器端，将额外的 PC 构建为客户端，从而进行测试。这意味着，开发环境与实际环境更类似，而且可以修复实际服务中可能发生的 bug。这种减少产品缺陷、提高品质而产生的利润，远远超过额外购买一台 PC 所付出的成本。

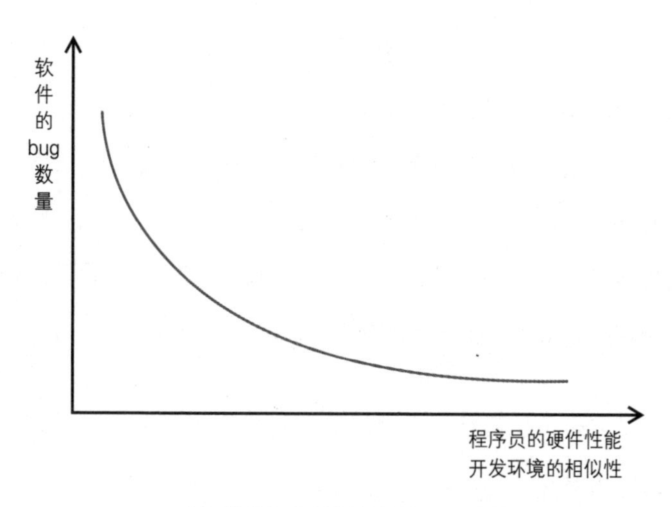

开发环境的相似性与软件的 bug 数量

事后发现 bug 会增加运维成本，有时，开发现场的运维成本甚至可以占到整个项目经费的 70% ~ 80%。程序员使用的开发环境与实际系统及硬件设施的相似度越高，越能在开发过程中更快发现 bug。这可以减少正式上线后发现 bug 的修复成本。

现如今，企业也意识到了上述事实，加之 PC、硬件、周边设备也并不昂贵，所以大部分企业都积极支持程序员。但我不理解的一点就是，企业不听取程序员的意见，单方面决定硬件的购买型号。

比起成本，程序员更熟悉 PC。只要告诉程序员基本的预算，他们可以非常有效率地选择并购买到自己所需的 PC 和其他零部件。其实，程序员申请的 PC 型号并不比企业提供的更贵，特别是用于开发之外的调试或测试 PC，要求并不高。

既想提高程序员的开发效率，又不听取他们对 PC、硬件、周边设备的意见，这一点真的很难理解。领导应当致力于为程序员构建合适的开发环境，这完全在中层管理者权力范围之内。我希望领导们提供 PC、硬件、周边设备时，可以最大限度满足程序员的需求。

为程序员提供好的资源，能够显著提高工作效率和士气。领导认为有必要提高成员士气的时候，与其出去聚餐，倒不如为他们更新周边设备，这样做的效果更明显。从我的经验看，即使只为程序员更换新的显示器、鼠标和键盘，都可以明显感到士气有所提升。

本章分析了项目管理中有用的经验和常见问题，下一章探讨的主题是“沟通”。

身为领导，除了要具备促进项目成功的业务能力外，还必须会沟通。成员渴望与领导沟通，希望领导可以考虑自己的问题和环境。要实现良好的沟通，需要领导充分考量成员的能力与经验，倾听并满足其需求。明确的沟通可以减少信息交流成本，不但可以提高生产效率，还可以预知项目进行时可能发生的问题。因为涉及项目成败，所以必须强调领导的沟通能力。第 3 章将分析作为程序员领导所需的沟通技巧。

第3章

领导的沟通

16 组织内的交流

项目规模越大，参与的人员就越多，对话也就更困难。相较于开发，花在沟通上的时间也会更多。从我的经验看，很多项目的开发时间不过 20%，其余 80% 都花在了沟通上。低效的沟通会提高项目失败的概率。

那么，怎样才能实现良好的沟通呢？接下来为大家介绍几种沟通技巧。

沟通的基础是倾听。通过倾听才能确认对方掌握了多少内容，才能进行符合双方理解水平的对话。对方掌握的内容较多时，只需适当沟通即可；反之，则要从头开始做详细说明。这样既可以节省时间，也可以做到言简意赅。另一方面，倾听其实也是“双赢”的契机。如果从对方的言语中理解了对方想要的是什么，那么就为自己赢得了调整需求和意见的机会。倾听的优点在于，可以让说话的人感到对方很尊重自己的意见，进而信任对方。

说话时要考虑对方的身份。如果几名程序员在一起工作，就没什么大问题。谈论技术性或简单的主题时，他们仅通过一个词就可以知道对方在说什么。但如果几名来自不同领域的人在一起谈话，那就不一样了。下面假设策划人员、设计师和程序员在一起沟通。

策划人员或设计师更重视通过对话得到最理想的结果。若想得到满意的成果，首先要具有积极的态度。特别是设计师，他们非常感性。其他东西都可以不在乎，只要感觉来了，就开始做事。有很多时候，设计师只要对策划人员说明这样做“为什么好”就可以了。

但对于程序员来说，只知道“为什么好”是不够的，还要知道“前后文”。他们听到的内容有输入和输出之分，更注重原因和过程在逻辑上的区分。只有确认事情是合理的，他们才会执行。对于一个项目，从客户需求开始，对可能发生的问题的原因及如何解决进行对话。另外，程序员喜欢简单明了且有重点的对话方式，讨厌谈论和项目没有什么关系却涉及方方面面的对话。与程序员沟通时要注意，不要额外添话，讲明原因、进行方式、结果等核心问题，他们便能快速理解，这样可以在适当的时候结束与程序员的对话。与主题毫不相关的内容会让程序员感到烦闷，因此，领导与程序员沟通时一定要注意。按照下面的方式进行沟通是比较恰当的：

√ 介绍业务或问题发生的原因（背景）

√ 介绍业务执行方法

√ 领导倾听程序员对自己提出的方法的意见或质疑

√ 给程序员思考业务的时间或拟定下次会议的时间

√ 讨论风险和需要的资源

√ 决定交付日期与品质

团队中并不只有程序员，还有设计师、策划人员、测试人员、营销人员等。每种角色的定位和特征都不同，偶尔会发生冲突。但如果每种角色都能了解对方的特征，就可以避免矛盾。

程序员之间的对话以技术为主，经常使用行业内的术语和外来词。他们有时会认为，自己想的事情、自己内心的想法，其他人肯定也明白。程序员要避免这种误解，说话前要意识到自己用的词语其他人也许并不理解是什么意思。

应当通过倾听确认对方对对话主题的掌握程度，同时，根据对方理解的程度表达自己的意愿，并再次确认对方是否充分理解了对话内容。这是基本的沟通能力。

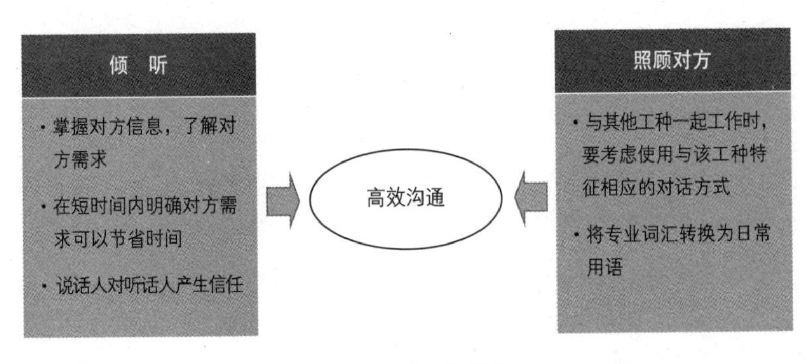

良好沟通的必备因素

具备了“倾听”这个沟通的基本能力后，为了取得良好的沟通效果，还要考虑使用什么样的态度和语气。即使是同样的话，不同的态度和语气也会产生不同的效果。就算内容再好，话语中没有任何其他的意思，但说话的语气不好，最终结果也会背离初衷，这样不可能实现良好的沟通。因此，为了让对方做出与对话内容相符的反应，还需要培养恰当的态度或语气等其他能力。

最后，还要做好情绪调节。如果与性格不同的人举行长时间的会议，忍耐度会渐渐达到极限。当意见相左的瞬间到来时，那一刻只想“爆粗口”。但通过这种形式表达情感是不可能得到好结果的，只有最大限度地展示善意才能实现良好的沟通。

程序员的大部分时间都面对屏幕，独自工作，与人交流的时间相对较少；甚至在闲暇时也每天与计算机为伴，与人对话的机会就更少了。但是，沟通能力很难自然而然地形成。在现今这个重视沟通的社会，沟通能力不足会带来很多问题。程序员最开始与人对话时可能会感觉很难，压力很大，但“吃一堑，长一智”，不断学习，一定能提高沟通能力。

17 解决方案不是绝对需求

《男人来自火星，女人来自金星》这本书中写道，当对方出现问题时，“男人总是想给出一些对策，女人希望的却是男人产生共鸣”。这个场景在职场中也同样适用。

初级程序员遇到自身或者技术上的难题时，总会向领导诉苦。大部分领导在这种情况下都会认为自己有责任去解决问题。

但是，无论领导多么想提出解决方案，也有力不从心之时。有时，因为自己只是中层管理者，问题超越了自己的权限，因而无法解决；有时，则是因为初级程序员一开始的想法就是错的。在这种情况下，如果只用“公司规定不允许这样做”或“这本来就是你的错”等话语敷衍向自己诉苦的初级程序员，那么会让对方感到更难堪，倍感受挫。虽然事实可能确实只有这两种原因，但从结果上看，这与直接回答“不可能”没有什么区别。

其实初级程序员也明白，希望领导给出对策有些强人所难，他们也清楚地知道公司的规矩。即使这样也要向领导诉说的原因，只不过是想得到领导的共鸣而已。正因如此，领导至少要站在初级程序员的角度，对问题的状况表现得感同身受。初级程序员一定经历了思想斗争，才把自己很难解决的问题说给领导听。如果领导用一句斩钉截铁的“不行”打碎了初级程序员的希望，只会让其感到无比挫败。此时，比起“我得给出解决方案”或“我必须马上改变他的错误想法”，一句“我也深有同感”能给初级程序员带来更大的安慰。

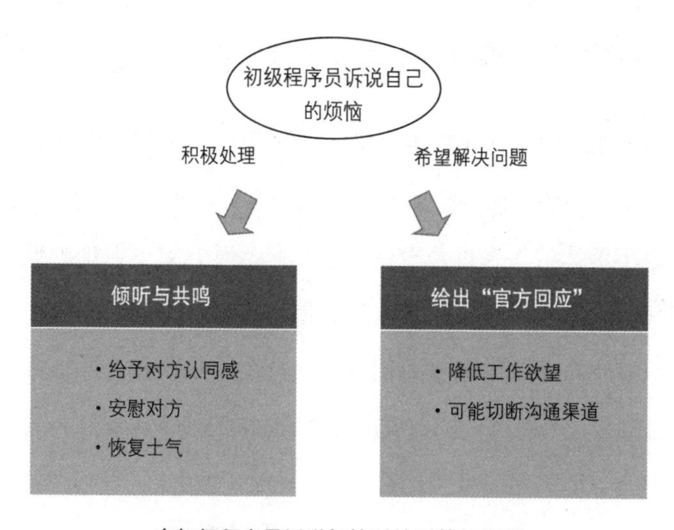

在初级程序员诉说烦恼时的对策与结果

下面是2012年通过Twitter展开的调查，主题是“韩国社会中受欢迎的人群类型”。

第一种类型是“与对方感同身受的人”。这样的人不但可以充满诚意地倾听对方，之后还能够分享彼此的思考。

第二种类型是“会照顾他人的人”。这里所说的“照顾”是指在对方开口之前就知道对方需要什么。

第三种类型是“言行一致的人”。这些人不是只动动嘴皮子，而是在经过深思熟虑后将想法付诸实践。

好的领导应当成为受欢迎的人。最好的领导能够在程序员出现问题之前就预见问题，并全身心地帮助其解决；而且能够准确把握程序员遇到的问题，或努力帮其解决，或对程序员表达深深的共鸣。

当然，也有的领导并不理想，他们回避程序员的问题或推卸责任。这种不负责任的态度是非常不可取的。

倾听他人的苦衷并表达共鸣，看似简单，实则很难。因为大部分人更乐于向他人倾诉，而不善于倾听他人。特别是对于那些不解决问题不罢休的人来说，表达共鸣并照顾对方则更困难。事实上，比起展示共鸣，我也是个更注重找出问题的原因并帮助解决问题的人。只有找出问题的根本原因并彻底解决，我才会觉得心情愉悦。也正是因为这个原因，看到成员不说话、自己一个人死钻牛角尖时，我一定会上前询问发生了什么事情。这种时候，在“一定要解决问题”的想法驱使下，哪怕成员并不愿意说，我也要问出个所以然来。这样不但不能为成员排忧解难，反而会让他的心情变得更加复杂。这样的事例屡见不鲜，我从这些事例中明白了将心比心的重要性。即使没有什么大的帮助，但倾听对方的心声、表现出自己的共鸣，有时是最好的方法。

如果各位在揣摩对方想法和表达自己的想法等方面有困难，我建议多看一些人文类的图书。工科出身的程序员一般只对技术和开发方面的图书感兴趣，这就缩小了知识的摄取范围。虽然程序员的主要业务是软件开发，但实际上也是跟人打交道的工作。人文类的图书大多比较抽象，可能读起来不那么容易上手，但人际关系和沟通本身就是抽象的，是非、因果界限并不清晰。项目开发中的问题不是技术导致的，而是人引发的。

18 领导影响力的来源与解决问题的类型

不是贴上了“领导”的标签，成员就一定会信任并跟随。“领导必须像个领导”，才会得到信任。从领导可以判断整个团队的精神面貌，由此可见领导的重要性。领导不仅要比成员更为出色，还要有受人尊敬的气质，更要具备调节团队内部矛盾的能力。

下面介绍领导影响力的来源以及如何处理组内矛盾。领导影响力有 7 个来源。

第一是强制力。说到“领导”“头头”时，人们脑海中最先浮现的就是“强制力”。强制力是带领成员前进的领袖气质，也是成员按照领导的指示有条不紊处理事情时的原动力。过大的强制力可能会给成员带来压迫感，副作用也会随之而来，但即使这样也比完全没有强制力好。一般来说，在组织确立初期或项目出现变化时，需要能够指明方向的力量。

第二是人脉。不管身处什么位置，人脉总是“多多益善”。只有人脉广泛，才能获取各种信息。“三人行必有我师”，各行各业的人都有值得我们借鉴的地方，这在升任领导时会产生不小的影响。

第三是专业性。要想被认可为领导，必须具备专业性。如果领导的实力与成员相差无几，那么是不会得到成员信任的，因为成员遇到困难时想要信任并寻求帮助的对象正是自己的领导。

第四是信息力。信息越多，越有助于高效处理业务。但务必铭记，要在伦理范围内使用信息，否则会带来灾难。

第五是地位力。即领导被赋予职务、职级后产生的影响力。

第六是人品。面对能力相同的几位领导，人们会选择信任更能让自己感受到强大人格魅力的那位，此乃人之常情。人品可以凝聚人心。

第七是奖励能力。这是指领导可以给成员的奖励，包括成员的晋升、奖励、休假、外勤、培训、业务资金等。

但是，并不是具备了以上所有能力就能具有影响力，也不是说欠缺一两点就没有影响力。我的意思是，大家要根据上面提到的内容弥补自身的不足。永远不要满足现状，要不断成长，不断改变。

领导影响力的来源及其特征

影响力的来源	特　征
强制力	・有力领导成员的领袖气质 ・虽然会让成员感到压迫，但必不可少
人脉	・结识有实力的人士时产生 ・获得多样信息的机会
专业性	・领导的必备要素 ・必须能够通过专业知识解决成员的困难
信息力	・掌握大量有益信息时产生 ・不在伦理范围内使用会造成问题

（续）

影响力的来源	特　征
地位力	· 组织赋予的权限（职务、职级） · 通过上下级关系形成
人品	· 可以让他人感受到的人格魅力 · 可以起到模范作用
奖励能力	· 可以满足成员的奖励需求

接下来讲解如何解决组内出现的矛盾。

不论何处，只要有人，就会产生矛盾。因此，不必对矛盾过于敏感，重要的是领导要成为解决矛盾的中心。只有这样，领导身上才会产生领导力，领导的影响力才会得到扩大。领导解决问题的方法可以分为以下 5 种类型。

第一种：强制型

强制型也叫“对立型”，当领导知道各种选项中哪个选项正确时，采用这种类型会取得良好的效果。建议在遇到以下情况时使用：

√ 需要行动迅速而果敢时

√ 重大方案无人支持但需要贯彻落实时

√ 需要确立会对团队整体产生影响的紧急方案时

强制型的问题是，领导周围的人会变得唯唯诺诺。成员不能对抗领导的压迫，只能选择唯命是从。这不但会大幅度减少组内的交流，也会降低成员的参与度，产生不良影响。

第二种：回避型

回避型指的是推迟解决问题。之所以选择回避，是因为紧张，认为首先采取观望的态度比较好。但是，回避并不是解决问题的正确态度。对于一些不怎么重要的问题，有时回避可以成为一种对策。没有必要费心的问题可以先冷静一下，缓解紧张，很可能会产生好的结果。应对问题时，如果采取行动造成的损失大于回报，就可以采用这种方式。

第三种：妥协型

妥协型给出的结论能够适当满足各方的需求，需要迅速协商。妥协型追求适当的利益，却有可能忘却更大的问题、原则、长期目标及价值等。不仅如此，妥协型的解决方式实际上不能完全满足任何一方的要求，因为只是“妥协”而已，反而会在满足各方要求的过程中花费大量时间，还会让利益当事人发生混乱。但是，如果双方实力相当，且都有强烈的排他性目标，那么因为目标并不非常重要，所以没有必要引起摩擦，此时可以采取妥协的方式。

第四种：让步型

“这个问题会让我们的关系变得不好，值得吗?”这就是让步型。让步型的问题在于，领导完全放弃了自己的主张和立场，很有可能丧失领导力，导致不能站在解决矛盾的中心。但是，当领导认识到自己的错误时，或者当前的问题不是特别重要，有必要为日后积攒信任时，竞争对立的持续对双方都带来损害时，可以采取这种做法。

第五种：合作型

也叫“解决问题型”，领导在阐述自己意见的同时，也询问成员的想法，大家一起解决问题，共同寻求可能的解决方案。这种方法看似最为理想，但要考虑到，如果是不太重要的问题，那就有可能浪费时间和精力。另外，如果将不熟悉状况的人的意见也考虑进去，那么很有可能做出低效的决策。合作型可以用于双方的主张都很重要而很难折中时，以及找出共赢点后需要双方参与并合作的情况。

当然，以上这5种类型中没有哪种最正确，每种类型都有各自的优点与缺点，所以需要在了解每一种的优劣势后，根据实际情况选择相符的方式。经验会告诉你在什么样的状况下哪种方式更能有效地解决问题。

领导的影响力类型与解决问题的方法

类　型	解决方法	优　点	缺　点
强制型	明是非	迅速决策	有强迫性
回避型	延迟解决矛盾	在细小的问题上有用	很难迅速解决问题
妥协型	迅速合议	在有强烈矛盾时有用	各方不可能完全满意
让步型	向对方让步	可以产生信赖	有可能丧失影响力
合作型	寻找最优解决方案	推进双方参与并合作	有可能低效决策

上面介绍了领导影响力的来源和解决问题的类型，希望能够帮助大家发现并改正自身的不足，提高影响力，正确选择符合矛盾状况的解决方案。

19 程序员的性格与应对方式

领导若想更好地发挥领导力，就必须熟知程序员的性格特征，并据此给予相应的指导。本节将讲解如何了解程序员的性格特征以及如何有效应对。

首先，需要了解国际通用的“MBTI（迈尔斯–布里格斯类型指标）性格类型分析”。MBTI 是凯瑟琳·布里格斯和她的女儿伊莎贝尔·布里格斯·迈尔斯开发的一种性格分类方法。MBTI 将每个人的性格分成下表所示的 4 种类型，这 4 种类型又可以细分为外向型与内向型、感觉型与直觉型、思考型与情感型、判断型与知觉型。

MBTI 性格类型分类

类　型	性格类型	详细说明
E/I	外向（Extroversion）	向往外部世界，高度热情地社交，行动先于思考，与他人相处时精力充沛
	内向（Introversion）	在心中思考问题，思考先于行动，独处时精力充沛
S/N	感觉（Sensing）	重视现实性和常理，关注具体的、特定的事物，喜欢深度而不是广度（接受信息时）
	直觉（iNtuition）	重视可能性和独创性，留意事物的整体概况，喜欢广度而不是深度（接受信息时）

（续）

类　型	性格类型	详细说明
T/F	思考（Thinking）	重视符合逻辑、公正、公平的价值，对问题进行客观的、非个人立场的分析
	情感（Feeling）	感情过多、缺少逻辑性、软弱
J/P	判断（Judging）	周边环境必须干净且有条理，明确目标，准时完成
	知觉（Perceiving）	随着新信息的获取不断改变目标，喜欢适应新情况

根据 MBTI，人们对有着相同职业的群体也进行了性格分类研究。结果表明，最常见的程序员性格为 ISTJ（内向 / 感觉 / 思考 / 判断）。ISTJ 型的人认真，重视实际利益，喜欢将工作、家庭和生活都安排得井井有条。

与人们对程序员的普遍印象相同，程序员在 E/I 类型中，多数（50% ~ 60%）均为内向型，而一般人只有 25% 为内向型，相比之下，内向型程序员的比例相当高。内向型程序员人数众多，原因可能在于他们渴求知识，并接受过高等教育。内向型人在独处时才能精力充沛，所以程序员完成项目后，必须得到充分的休息才能重新获得能量。

T/F 类型中，有 80% ~ 90% 的程序员为思考型（一般人为 50% 左右）。思考型人比较有逻辑，善于分析，科学性强；沉着冷静，专注于事实本身，并不太注重他人的情感。因此，有时会在无意中伤害他人，或有一些意料之外的行为。如果程序员本人认为自己理性且正确，那么他可能不会考虑公司的习惯或礼仪，而会发表一些爆炸性的言论，那些可能有些伤人的话语会时常引发上司或成员之间的非议。但仔细想想就会发现，其实程序员并无恶意，他们只是非常直白地将自己认为正确的想法说出来而已。但是在社会生活中，这个群体有必要学习婉转的表达方式。

内向型人的特征在人多的地方会显得更加突出。我们来设想这样一个场景：上司为了以示鼓励，为程序员举办了聚餐活动。内向的人通常会认为聚餐也是工作的一部分。而且，人多时会让他们产生内耗，所以比起时间战线拉得很长的饮酒聚餐，为其举行在小店里吃完饭就结束的简单聚餐效果更佳。因此，处于水平关系中的程序员聚餐时，气氛大多会比较冷淡且安静。

下面，我们用尹泰翼[①]博士提出的分类方法分析程序员的性格。尹泰翼博士在其著作《职场浮沉记》中，将人的性格分为“脑型”“心型”“腹型”。这种分类利于理解，特征明显，我比较推荐。

“脑型”人最主要的特征是重视理性与逻辑。他们追求身心安定，强烈渴望得到认可。比起过去或现在，他们更关心未来，所以会焦躁不安。为了有效发挥其能量，最好给他们一个规则性强的工作环境。对于“脑型”人来说，知识、数据、信息都是莫大的财产。身处困境时，他们会以证据为中心把握局势，认为问题的发生是战略与信息不足导致的。“脑型”领导大多会在培训员工前就详细记录要讲的内容。而且，需要“脑型”人决策时，应当给他们充足的思考时间，而不是让其“现在就决定吧”。

---

① 管理学博士，韩国九型人格研究会会长，仁荷大学教养学部教授，CMC 意识经营咨询公司董事长，韩国主流媒体咨询专家，已出版多部面向高级商务人士的著作。——编者注

“心型”人情感丰富，重视人际关系，很在意自己的形象，丢人的记忆会长期萦绕在脑海中。这类人容易受到周围环境的影响，情绪起伏严重。如果遇到的事情与自身性格和心理相符，会全身心投入。“心型”人在工作时，善于比较数据，如果遇到问题，他们会认为工作的氛围不对。“心型”领导进行培训时，一般会选择重视集体凝聚力的活动（团建等）。

“腹型”人喜欢明确自己的存在与区域。任何事情都会体现在行动上，如果不按照自己的意思进行，则会发脾气。“腹型”人喜欢一次性解决问题。“对就是对，错就是错”，倾向于做出明确决定。遇到问题时，“腹型”人会认为是不是在热情和挑战精神上出现了问题。“腹型”人重视现场体验，认为自己碰壁后学习到的经验是最重要的。

每个人并不只具有这 3 种特征之一，而是同时具备 3 种特征，但倾向于其中一种或两种。无论哪种类型，都需要先了解再应对。

“脑型”“心型”“腹型”性格分类

类 型	脑 型	心 型	腹 型
主要性格要素	理性	感性	行动
决策	逻辑的 （用头脑理解）	情感的 （用心感觉）	经验的 （用身体体验）
财产	知识、信息、想法	人、人脉、形象	现金、力量、领域
主要情感	（对未来的）恐惧	羞耻心	脾气
适合的职业	程序员、教授	设计师	做生意、经管

程序员属于重视理性与逻辑的“脑型”人。下面将程序员与

“脑型”性格关联，看看在现实中应该如何应对。

“脑型”人的第一个特征是理性。他们公私分明，不被情感左右，有计划性，喜欢井井有条的环境。因此，需要对其详细说明项目流程、进行方式、过程。因为“脑型”人喜欢事情按计划进行，所以重要的是，事先一定要给他们充足的时间去计划如何分配自身的能量。对于“脑型”人来说，聚餐这种活动会打乱原计划，让人感到疲倦，从而降低士气。“脑型”人如果进行过多的外部活动，会产生极大的内耗，所以他们比较讨厌会持续到凌晨的长时间聚餐。“脑型”人需要回家充分休息，享受独处的时间。

“脑型”人的第二个特点是逻辑性强。他们意欲分析问题和事物，认为知识和信息是最重要的财产，不论做什么都要搜集与之相关的信息。“脑型”成员组成的团队执行项目时，领导必须详细告之并与之分享自己的想法和意图。因为如果未能准确传达项目方向与理念，“脑型”成员就会分析自己掌握的信息，进而朝着错误的方向做出判断。因此，领导要努力使成员在解决的问题与解决方案上与自己保持一致。展示项目前景时，要着重强调项目完成后程序员个人可以得到哪些成长，能够获得哪些经验与技术上的帮助。

在项目进行过程中，如果遇到不得不指责程序员的情况，要铭记他们更重视理性而非感性。也就是说，比起“你这个人太冷酷了”“你的性格太孤僻了”这样刺激人情感的话，“你的实力还有所欠缺”这种刺激理性的话语带来的伤害更大。因此，指责程序员的技术实力时要多加注意，因为他们对自己的编程实力很有信心。一旦其实力不被认可，程序员会士气大减并产生反感。如果领导不得不提出批评，那么应该让结果说话，比如在“项目没能按期交付的时候”或者“程序品质下降的时候”。如果代码复杂度或数据结构、算法、设计等部分需要修改，那么要给程序员提供优质的目标模块信息（便利性、稳定性、可信性、处理速度等），他们会自行修改。注意，不要说出类似“代码一塌糊涂”或者“算法选择有问题”这样的指责性话语。

上面分析了程序员的性格及应对方法。还需要注意，领导对于程序员的态度要根据组织规模做出相应的调整。

如果你是管理 3 名以下程序员的小领导，此时的成员多为初级程序员。在这个时期，要将初级程序员培养成高级程序员，所以要恩威并施。在不足 3 人的组中，步步紧逼反而更容易取得好的结果。

当团队扩大到 5 人以上时，最好收紧鞭子，因为一般 5 人以上的团队一定包含经验丰富的高级程序员。对于高级程序员来说，重要的是保护他们的自尊心，鞭策反而会造成不好的影响。

由此可见，领导需要根据团队规模和成员属性采取不同的应对方式。团队人数少且初级程序员较多时，领导要像“将才”一样严格管理；团队人数多且高级程序员的比例较高时，领导要像“帅才”那样讲究策略。

20 称赞的技巧

领导的重要任务之一就是指导，“让成员设定目标，自己积极主动地成长”。指导的基础源于称赞。

人们都认同称赞的重要性，正如《鲸鱼哲学：积极人际关系的力量》一书中所阐明的那样。但是，无条件的称赞并不一定能达到领导想要的效果。称赞与药物相似，必须对症下药并遵医嘱服用才能起到疗效。反之，如果处方不对症、误服或滥服药物，则会使病情恶化。

不发自内心的称赞或形式上的称赞都不能让人感受到诚意。如果被称赞的人听到的意思与称赞人的意图相异，其可能会觉得自己听到的不过是虚情假意。如果一个人平时得到的都是称赞，那么有一天突然被批评的话，这个人会受到很大的心理冲击。因此，称赞也需要技巧。

称赞的本质是发自肺腑的表扬。比起华丽的辞藻，有具体内容的称赞才更好。只有关心被称赞的对象，才能给予饱含真心的称赞。

成员取得优异的成果时，最好在公开场合、聚集了所有成员的情况下给予称赞。公开的称赞可以让效果翻倍。也可以每月一次为了称赞成员而举办活动，如果能同时颁发奖品，那么包括获奖成员在内，整个团队的斗志都将被激发起来。

根据不同的性格特征，应当采取不同的称赞方式。我们再来回顾一下上一节讲到的尹泰翼博士提出的 3 种分类方法。

第一，“脑型”人在开始做一件事之前，会先分析和制定计划。这类人客观处理事情的能力出众，对每件事都能展现踏实的态度。“脑型”人说话时多会使用理性、客观的表达方式。这类人喜欢确定的事物，必须明确告诉他们什么是重要的、哪一点是值得称赞的。他们重视自己具备的信息和能力，所以称赞其“专业性”效果会更好。“脑型”人做事十分慎重，仅给予其自由支配的时间就能让他们感觉到这是对自己的一种照顾。

第二，“心型”人是现实生活中典型的善良人群。他们会察言观色，善于照顾他人，说话十分小心，言谈间都在自我保护。“心型”人为了不辜负周围人的期待而坚持不懈地努力，即使不开诚布公地表现出对称赞和回报的欲望，内心依然十分希望得到认可。因此，对于“心型”人来说，最好给予他们细致入微的称赞。

第三，“腹型”人相较于过程更重视结果，不惧怕危险。这类人有魄力，办事快，事情的进展要符合自己的期望才会觉得满足。正因如此，“腹型”人不喜欢遵照他人的指示办事。有领导潜质且性格直截了当的人大多属于这种类型。因此，称赞“腹型”人时，与其称赞其个人，不如从整体上称赞其牵头的事、团体或项目，因为

“腹型”人希望他人认可自己在经手的事上发挥的力量。

不同类型人的称赞方法

类　型	特　征	称赞方法
脑型	· 分析并制定计划 · 对每件事都有踏实的态度 · 理性且客观	· 称赞其具备的信息或专业性 · 仅给予其可自由支配的时间就能取得良好的效果
心型	· 细心且情感丰富 · 言语小心谨慎，常有防御性行为 · 默默努力	· 给予细致入微的称赞
腹型	· 比起过程更重视结果 · 直截了当 · 有成为领导的潜质	· 直接称赞其牵头的项目或团体

如前所述，程序员大多属于“脑型”人。下面以此为基础，分析如何称赞程序员。

对于程序员来说，最好的称赞就是夸他的技术，比如文档编写能力、对计算机系统的理解度、代码的准确性等。还可以称赞其开发新功能时毫不畏惧、勇于挑战，对业务分析细致入微、准备充分。

称赞并不一定只在一切顺利时进行，当程序员的工作出现问题时，也可以进行称赞。当然，有人可能会问：“都出错了还称赞什么啊?”我的意思是，可以将批评变得稍微温柔一点。出现问题的时候，要明确告知程序员哪一点做错了、出现了什么样的问题。领导也要表明，自己未能准确传达信息，自己也有责任。此后，如果事情步入正轨，则需要称赞程序员。这种方法并没有改变“程序员做错事所以受到批评”的逻辑，但可以避免伤害双方的感情，有助于事情顺利进行。

分析和设计程序时，如果能通过具体事例称赞初级程序员，不仅可以提高业务效率，还可以看到他们日新月异的进步。领导出身于程序员，身上自然会带着程序员的影子，因此常常只“专注技术问题，讨论解决方案”，不太会称赞别人。我希望领导要有意识地多多称赞成员。

21　称赞上司的方法

说起“称赞上司”，大家首先想到的一定是“拍马屁”，因为明明是在称赞，但给人的感觉却不那么积极向上。如何区分称赞和拍马屁呢？称赞上司一定是不那么光彩的行为吗？本节将分析称赞上司和拍马屁之间有什么区别，介绍如何恰当地称赞上司。

首先，我们必须搞清楚称赞和拍马屁的定义。对于组员来说就是称赞，对于上司来说就是拍马屁？不是的。称赞和拍马屁不是根据对象区分的，而是根据使用目的来区别。如果是为了帮助对方成长，则是称赞；如果是为了给自己谋求利益，则为拍马屁。称赞和拍马屁用到的技术不尽相同，简单说来就是具体描述对方的优点。不管怎么说，职场中的竞争和对利益的追求都很重要，这也使得拍马屁变得非常常见。

但是，人们普遍担心：“如果称赞上司，拍马屁的痕迹会不会太明显而让人反感？”在东方，人们重视礼仪和体面，所以很难接受“拍马屁”这种行为。程序员的这种想法则更为强烈。可是，如果改变“称赞上司就是拍马屁”的想法，使用正确的方式方法，就可以消除这种疑虑。而且，如果平时经常称赞上司，那么也可能有机会谏言。平时没有什么话的下属职员突然发声，会影响上司的心情；但如果平时就会说上一两句美言，那么上司即使听到谏言，心情也不会受到什么影响，反而会认真思考。那么，被拍马屁的人会有什么样的感觉？假如我们自己被拍马屁，此时不仅会认为自己有足够的能力，也会觉得自己十分了不起。我们会觉得自己的价值提高了，进而产生强烈的满足感。

"拍马屁"时要注意以下几点。

第一，不要让对方觉得自己在被拍马屁

称赞中已经包含了意图，双方潜意识里当然知道这种行为是拍马屁。但如果将希望得到的利益表现得过于明显，就会让称赞的效果大打折扣。

第二，不要脱离话题中心

比如，称赞工作的时候，把被拍马屁的人的私事也加入称赞的范围。如前所述，这种做法也会让对方感觉在被拍马屁。

第三，在称赞的同时不要拜托其他事情

如前所述，以利益为目的的称赞就是拍马屁。因此，如果在称赞的同时拜托其他事情，那会让被称赞人的好心情马上消失得无影无踪，加重对方的负担。

第四，不要过度使用修饰词

称赞时，可以加入“合理的”“公正的”这样的修饰词，但“非常”“最好的”这类修饰词有些夸张，听起来很假，使用时要特别注意。最重要的是用真心和具体的事实说话。

在社会生活中，我们无法得知需要称赞谁，可能是竞争对手，也可能是并不怎么喜欢的上司。越觉得对方是敌人而感到疏远时，就越应该称赞对方。大家应该都有这样的经历：当不喜欢的人称赞自己时，你会觉得对不起那个人。其实，我们称赞的人也是这样想的。因为对方从未想过会得到我们的称赞，所以会有更加肯定的感觉。以此为契机，不但可以改善双方的关系，还可以意外发现对方的优点。

程序员如何看待称赞上司这种做法呢？很多初级程序员认为，称赞上司就是拍马屁，对这件事有着很强的拒绝心理。因为他们认为“要以实力论输赢”，通过拍马屁定输赢是不合理的。评价初级或高级程序员时，要以实力为第一标准。程序员进行评价时，会使用客观的指标，注重合理性。但事实上，在我采访过的对象中，相当多的程序员都表示，他们会偏向于给自己好评的人。也就是说，如果评价对象实力相当，他们更喜欢称赞过自己的人。

除了想要获得更好的评价外，在寻求技术方面的帮助或培训时，也可以称赞上司。比如，“大家都说前辈您在这个领域是‘大牛’，我们还想再跟您学习学习，您还能再教教我们吗？”授课结束后，可以向对方说："您讲得真好，深入浅出呢!""您对艰深内容的讲解简单明了，犹如拨云见日。"听到这些话后，上司会想教给你更多的东西。已经学到东西、得到利益后，也可以进行称赞。这样做不但可以在结束时让双方都心情愉悦，还可以就下一次机会提出请求。

称赞上司的方法

项　目	称赞上司的方法
意义	· 彼此增加好感，以请求为目的的称赞
优点	· 谏言时不会让对方讨厌 · 寻找称赞点时可以发现以前不知道的对方新的优点 · 拜托对方时或接受对方培训时，可以在双方心情愉悦的状态下处理事情
注意事项	· 不要让对方感觉到自己在被拍马屁 · 不要脱离话题中心 · 在称赞的同时不要拜托其他事情 · 不要过度使用让人感觉虚伪的修饰词

程序员也需要与很多人打交道，所以不仅要在技术领域发挥实力，还需重视人际关系。

22 人不知而不愠，不亦君子乎

无论从事哪种职业，只有适合自己的性格，才能发挥自身的价值与能力。不管别人如何羡慕你的职业，如果与自己的性格不符，则没有任何意义。热爱自己的职业，才能得到最多的祝福。我从事编程工作以来，感觉这个职业与我的性格十分相符，因而总是心怀感激，编程工作带来的幸福感溢于言表。与我有相同感觉的程序员应该不在少数吧。

但是，即使程序员这个职业与性格相符，但加上“在韩国”这个环境条件，一切就大不相同了。本节将介绍程序员在工作中遇到的压力以及缓解方法。

经过了十余年的程序员生涯，我深深地感觉到，周围的同事大部分有着相同的性格。他们对自己的开发实力有着很强的自尊心，对开发成果也有很强的自豪感。这样的性格既是优点，也是缺点。对自己的实力和开发成果有信心，是程序员必须具备的最基本的性格。为了提升自己的实力，必须不间断地学习以适应时代的变化。心里一定要认为“我是最棒的”，只有这样才能以程序员的身份在业界生存。

但是，如果自尊心和自豪感过于强烈，会带来反作用——嫉妒比自己得到更高评价的程序员。大部分程序员在祝福同事的同时，都会希望自己比这个同事更好。一旦嫉妒达到一定的程度，即使同事出现一点失误，都会开始中伤对方并攻击其弱点，因为想要通过指责对方开发成果的不足之处，证明自己的实力在其之上。这样做即使不是故意的，也会伤害同事的自尊心，就算他们当时做出退让，日后不好的情绪还会卷土重来。在社会生活中，重要的是交朋友，更重要的是不要树敌。有时为了彰显自己的实力而打压对方，这样做可能会得到一时的快感，但其实是树立了潜在的敌人。自尊心受到的伤害只能以同样的方式抚慰，否则无法愈合。

有的事情站在批评人的角度上可能没什么，但在被批评的当事人看来则绝非如此。批评和指责有时会成为一剂良药，但没有人在突然听到指责自己的话语时能够以平常心对待。那些说话不中听的人也许是无心之失，但“说者无心，听者有意”，听话的人有可能精神上受到创伤。

特别是在自己负责的事情受到批评时，压力会瞬间增大。“这个人过于冷漠”，这样指责性格方面的话语不会造成特别大的伤害，但如果听到“程序有 bug”“你写的代码有错误”这样非难其技术实力的话语，程序员会觉得脸颊发热，羞愧难当。

人非圣贤，孰能无过；知错能改，善莫大焉。如果因为犯错而受到了过度的批评，不要放在心上，“左耳朵进，右耳朵出”，给自己减压吧。但说起来容易做起来难。如何在不给他人带来伤害的情况下让对方接受现实呢？我在《论语》中找到了孔子充满智慧的答案。句子虽然很短，但让我无比受用：

“人不知而不愠，不亦君子乎？”

《论语》对“君子”给出了定义：“别人不了解、不理解我，我并不生气。”在现在这个用各种方法进行自我宣传的时代，这句话可能会让人感到比较消极。但是，与他人一起工作、生活特别需要耐心，这句话会起到非常大的作用。

大家想想，为什么在社会生活中会有压力呢？大部分情况是，虽然自己觉得“已经拼尽全力”，但这些努力并不被他人所知，这才产生了压力。公司中经常发生这样的情况。上司因为部下不明白自己的真实意思而苦恼，下属因为上司看不到自己的努力而难过。当付出大量心血认真制作的产品并未得到客户认可的时候，也会倍感压力。

虽说知足很重要，但严格说来，对同一件事情的评价会因为评价人的不同而不同。即使本人认为“这件事做得很完美”，但如果评价人认为并非如此，本人也无可奈何。经过漫长的职场生活后，我明白了一个道理：“是金子总会发光的。”只是等待的过程十分不易，重要的是，“他人不认可自己的能力时不要怨声载道，而要把它当作增长实力的契机”。

我对于针对自己的失误的批评已经稍有适应，心态比以前有了明显的转变。因为我认为，对错误的批评和质疑是优化产品和文档的过程，同时也是改善的机会。受到批评而觉得难堪时，得到的信息更让人印象深刻，可以有效防止重复同样的错误。这样一来，我会对指出问题、提出批评的人心生感激，毕竟对方也要费心费力才能帮我发现问题。这正是实践孔夫子名言的好机会。

反之，我在批评他人或为他人谏言时，都会三思而后行。因为无心的一句话可能会给自己的同事或后辈造成伤害、施加压力。程序员是脑力工作者，如果内心得不到平静，就很难进行高效的工作。

要批评对方时，不要一而再、再而三地批评，最好经过慎重的思考，然后一次到位。因为审慎的思考加上真诚的态度，这样哪怕只说一次也会取得良好的效果，被批评人会努力改进。如果打着“为他们好”的旗号而多次批评，下属只会觉得上司既唠叨又刻薄，很可能会忽略其中善意的忠告。因此，对于可以自我完善的高级程序员，与其抓住他们的小失误、小 bug 不放，不如只告诉他们有问题，这样就足够了（不适用于新职员和初级程序员）。当然，有时候也必须三番五次地谏言，比如感觉到职员有自满情绪或非常满足于现状时，就需要明确为其指出更好的发展方向。但是，这种时候也不能盲目指责和唠叨，要特别注意。

当职员被谏言或被批评后，展示出努力改变的姿态时，请一定不要吝惜鼓励和称赞。称赞、鼓励与批评不同，有肯定作用，不会有大的副作用。韩国男性很不善于在公司称赞和鼓励别人，即使很想这么做，也会觉得尴尬或不好意思而就此作罢。但是，习惯成自然，需要称赞的时候必须毫不吝惜。若想让对方感到自己的实力被充分认可，那么在人多的地方对其进行称赞效果更佳。

最后，程序员领导一定要有“严于律己，宽以待人”的心态。不仅如此，还要让这一信条深入每个同事和后辈的心中。程序员对自己的实力有“自信”固然好，但“自信”变为“自负”则可能诱发错误。

人的一生很长，不可避免地会因为指责和批评而受伤，但我们可以将伤害降到最小。只要改变心态，指责和批评可以变成比称赞更好的良药。希望孔子的话能在各位程序员发展的道路上提供帮助。

23 不要对成员讲述烦恼与不满

人们在社会中生活，总会产生各种各样的烦恼与不满。下班后几名同事一起聚餐，相互诉说自己的烦恼与不满，这也是一种释放压力的方法。只要程度不是特别严重，这种互诉衷肠的方式不仅能让彼此成为依靠，还可以在一定程度上减轻心理压力。诉说烦恼与不满的对象一般多为同事或成员，而非上司，因为这样心情更轻松。但是，如果你是领导则需要注意，向自己的成员诉说烦恼和不满会产生意想不到的副作用。

让我们想想成员眼中的领导。如果领导满腹牢骚，这种情绪传染给成员，那么一切情况都将值得抱怨。“连领导都那样想、那么累，我的资历和经验都不如领导，又如何能赢呢?”成员会被这种忧虑所折磨。不仅如此，满腹牢骚的领导不会得到成员的信任，他们对自己负责的事情是否能正常进行也会产生疑问，导致积极性低下。同时，成员们还会认为，“领导都如此不满、如此疲倦，我感到疲惫是当然的”，从而将这种不满合理化。因此，即使是关系很亲近的成员，也要注意不对其说让其感到不安的话。对事态抱有否定态度的成员办事效率低下，也不会正确看待正当的需求或业务指示。因此，项目的品质和效率也不得不随之降低。领导矫正成员的错误视角所需要的努力和时间，是其视角从正确变为错误时的 10 倍以上。

如果真的非常想找人诉说自己的烦恼或不满，那也不要找成员，还不如直接向上司打开心扉。虽然找上司这件事本身不容易，但上司不仅能在困难点上产生共鸣，还可以帮助你解决问题。而成员的情况就不同了，他们既不能感同身受，也不能解决问题，反而会丧失对领导的信任。

反过来，如果听到成员的烦恼和不满，领导一定要采取正确的应对方式，如下所示。

第一，提出对策

提出对策必须具备丰富的经验。只有自己亲身经历过，才能正确指出解决问题的方向。对诉说烦恼的成员有足够的关心时，这种方法才奏效。

第二，倾听

对于成员来说，哪怕只有一个可以诉说烦恼的地方，也能带来莫大的安慰。此时如果能形成共鸣，效果更佳。但需要注意，如果过于积极地感同身受，会让成员误以为原来领导也有相同的烦恼，所以一定要把握好度。

下面是两种错误的应对方式。

第一，上司亲力亲为解决所有问题

这种做法虽然可以即时解决成员的烦恼，但如果成员习惯了所有问题都由领导解决，那么其再次产生烦恼或不满时，就会直接向领导诉说，并对领导产生依赖。这会让成员丧失发展的可能性。领导要注意，不能让成员的态度变得被动。

第二，无视成员的烦恼

这种做法是绝对不可取的。更糟糕的做法是，不但无视成员的烦恼与不满，还折磨成员。这会造成很大的副作用。“你先试试”“你自己找找看有没有别的方法吧”，这样的话语其实是将烦恼又抛回给成员。成员鼓足勇气找领导诉说，但没有得到丝毫的慰藉，结果当然会丧失工作的热情。

领导要让成员感受到“我会和你一起寻找解决方法”。为此，双方首先要形成共识。如果领导没有解决问题的权限，那么笔者最推荐的方法就是“倾听”。

应对成员烦恼的方法

分 类	应对方法	内 容
正确的应对	提出对策	提供方案，自行解决
	倾听	超过权限范围时倾听烦恼
错误的应对	亲力亲为解决所有问题	领导挺身而出解决问题
	无视成员的烦恼	无视权限以外的问题

在现实中，领导仔细聆听成员的烦恼与不满并表示共鸣，是非常不容易的。实际上，在听了各种各样的事情后，领导自己也会在不知不觉中说一些消极的话。对所有的事情都有积极的态度当然再好不过，但在工作过程中难免会逐渐感受到压力。成员向领导诉说自己的烦恼与不满时，领导若丢失了重心，那么倾听则毫无意义。因此，必须时刻牢记自己的领导身份，冷静判断后采取正确的应对方式。

领导应当给员工展示宏伟的蓝图，甚至可以到“画大饼”的程度。即使目标与现状相差甚远，也要让员工坚信“可以做到”，这比说一些丧气的话更实用。

24 必须适应初级程序员的变化

现代人对工作和生活的界限十分明确，人们更注重个人的生活，更重视自己的时间和自由。同时，随着对职业认知的不断变化，新员工的思想也与以前大为不同。那种对领导的吩咐言听计从的新员工已经基本消失，新一代职场人不喜欢给新员工施加压力的官僚气氛和加班，更喜欢有正规上下班时间的工作。这样，他们自然而然地就不会选择工作强度大、个人时间少的工作，比如与软件开发相关的职业。因为新生代认为，程序员的工作不仅非常累，还要经常熬夜。

追求变化的年轻一代更希望在充满创意、开拓进取的氛围中工作，无论哪个领域。事实上，软件业是最能创造创意产品的领域，但现实中这种氛围并不常见。一旦跨入软件业的大门，程序员往往被命令“从什么地方做到什么地方”，只能在规定范围内完成任务。这样的业务方式只会让思维活跃的年轻一代感到无比压抑。

但高级程序员无法理解年轻一代的思想。对于那些因为不能适应职场氛围而辞职的新员工，高级程序员认为：“这次离职的新人既不好好干活，又不愿意加班，实在是太固执了。”高级程序员回想起自己刚刚入职时的场景，他们对上司言听计从，所以认为现在的新人也理所应当跟自己当时一样才对。但社会大环境正在发生变化，应当承认，年轻一代的思想也在变化。

我过去是一名严厉又可怕的高级程序员。严厉到什么程度呢？公司里只要有犯懒的职员，都会让我管教。当时的我认为，初级程序员不懂的东西太多，当然要在业务上或培训时给他们一些压力才行。按照这种做法管理了一段时间后我发现，中途被淘汰的初级程序员层出不穷。大约有 2/3 的程序员具备了一定的水平，能够继续从事编程事业，剩下的 1/3 会被淘汰。那些被淘汰的初级程序员中，有些人换了公司，还有些人干脆转了行。因为我认为并非所有的初级程序员都能取得成功，所以他们因适应不了而离职也在意料之中。

但是，突然有一天我产生了这样的疑问：“除了让他们离职之外，真的没有别的办法了吗？还是应该为他们指引正确的方向呢？”为此，我决定改变对待初级程序员的态度。

变化的开始是我为他们具体指明业务进行的方向，尽可能更加详细地阐述技术内容，并尽量杜绝加班。我费心管理日程，争取在工作日内解决所有的问题。从结果上看，离职人员的比例逐渐减少。我不禁想，现在应该可以每次都降低一定比例的离职率了。

公司想要的新员工与年轻一代想象中的新员工的差异

项　目	公司想要的新员工	年轻一代想象中的新员工
特征	忠诚、热忱	创意的、进取的
培训方法	填鸭式培训 自主学习	指明业务方向 成长为专家 最大限度地避免加班

现在找不到无条件服从的初级程序员了，即使有，这样的人也与追求创造性的软件开发行业的特征相悖。领导不仅要认识到时代的变化，还要据此改变自我。一个团队或公司的命运会随着初级程序员成长方式的不同而发生变化。新入公司的初级程序员如果不能适应，那么沉闷的环境应该是原因之一。并不是现在的年轻一代有什么问题，而是整个社会都在变化，所以我们应该尊重年轻一代的价值观。与强迫性的工作方式相比，领导更应该有计划地分配任务。

25 让聚餐变成沟通的场所

职场生活中不可缺少的一项活动便是聚餐。聚餐并非单纯的娱乐活动，而是听取成员意见或提高士气的必要场所。聚餐的进行方式决定了成员对聚餐的期待程度。下面介绍领导在聚餐中需要注意的问题。

第一，不要有“我是受成员欢迎的领导”的错觉

世界上不存在受成员欢迎且可以敞开心扉的领导。无论领导的性格有多好，成员都不会与其太亲近。如果有让人不能畅所欲言的人物存在，那么聚餐也只不过是换了一个场所的办公室而已。本想释放压力，结果不但没有释放，反而感受到了更大的压力，这样还不如不聚餐。想成为受欢迎的领导吗？正确的做法是参加聚餐后直接买单走人。

如果是庆功宴或是振奋士气的聚餐，最好的做法是在开始的时候致庆功辞，随即去每位成员的身边对其表示肯定与鼓励。随后简单吃点东西，聊聊天，给“二把手”（高级程序员）交代一下结账的问题和安全事项后离席，这样的做法是比较明智的。

第二，吃什么

一般韩国的聚餐会先去吃烤肉喝烧酒，然后去啤酒屋喝啤酒，最后可能去喝洋酒或“炮弹酒”[①]的地方。程序员中“脑型”人居多，过量饮酒会导致意识模糊，第二天还会有宿醉感，程序员非常厌恶这种感觉。因此，像这样过度饮酒的聚餐并不是正确的选择。如果以振奋士气或鼓励为目的，那么应当营造一个“喝多少随意”的氛围。对于那些强行劝酒的人，一定要多加注意。我的建议是，利用中午或傍晚的时间饱餐一顿即可，没有必要借助灌酒让对方吐出心里话。对于程序员来说，尽享美食的聚餐方式反而效果更佳。

第三，如何收集意见或进行心理咨询

领导希望收集成员的意见时，有时选择在聚餐时让大家开诚布公，但这种做法不会起到什么效果。试想一下，所有的人都围坐在一起，“打开天窗说亮话”的可能性能有多大？往猫脖子上挂铃铛可不是一件容易的事。最终的结果无非是有成员第一个鼓足勇气开口说话，然后大家都在兜圈子而已。成员真正想说的话反而开不了口，但是领导会误以为自己已经听到了所有问题并成功解决。

当然，不可否认，也有成员会直言不讳；但大部分领导都会当面反驳，或按照公司的方式处置。这是最不恰当的做法。这样会让直接谏言的组员颜面尽失，结果就是所有的人都保持沉默。因此，

---

① 由多种酒混合而成，组合搭配种类繁多。伴随着社会潮流和热点，随时会有新法制作的“炮弹酒”诞生或消失。“炮弹酒”象征着集体组织的团结和平等，在韩国聚餐场合十分流行。——编者注

领导即使心里不痛快，也应当说“我会参考你的意见的”，只有这样才能继续与其他成员沟通。

我个人认为，最好的方法是领导与每个成员单独喝酒，面对面地听取意见。如果认为和某个成员不那么亲近，而让另一人作陪，会让谈话的效果大打折扣。二人酒局可以让领导面对面地听取每个成员的意见，这样能够从全局上掌握团队的现状。

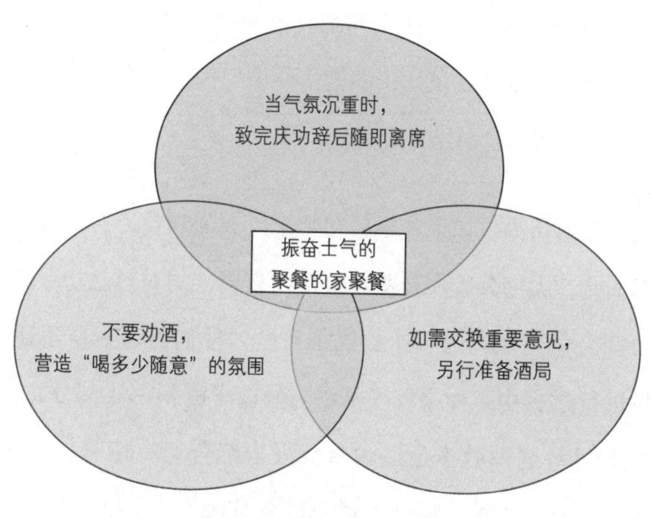

振奋士气的聚餐必备因素

聚餐的宗旨是让每个人在感受到愉悦的同时释放所有压力。聚餐时讨论工作只会破坏气氛，所以要避免提及沉重的话题。

26 升职的方法

“如何才能升职呢?”这个问题我被问过很多次，其实每个人都非常关心这个问题。我虽然不能给出一个“包治百病”的万能答案，但可以分享一些自己总结的经验。

大家普遍认为，如果能给公司带来巨大的利益，会有益于升职。也正因如此，大部分程序员都希望得到直属上司对自己功劳的肯定，并且告知公司高层。为了达到这个目的，他们可谓无所不用其极。在项目进行过程中，如果程序员参与修改了哪怕一小部分，也会要求直属上司将这种微不足道的事情报告给公司。还有一些人即使正在出差，身处外地，也会不顾一切地回到公司，只为在考核的时候露个脸。如果结果不能如其所愿，则会对上司和公司产生不满。回头看看自己或他人为了表功而做出的努力时，还会觉得这种做法异常拙劣。

事实上，“对公司的贡献越大，升职或加薪时越有利”这个说法，与自己所处的位置息息相关。如果是部门领导，那么创造了超过其他部门的销售额或利润，会对升职有较大的意义；但如果是程序员，销售额和利润不会对自身产生太大影响。相比之下，更容易获得较高评价的是“助力初级程序员成长”。

我在做初级程序员时期，也有过“要彰显自己的功劳”这样的想法。不仅如此，我还认为必须守护自己的功劳，提防想掠夺自己劳动果实的上司。这种做法大概源于本能，但回头仔细想想，好像未能得到认可的情况反而更多。其他人应该也有过类似的经历——无论自己的功劳多么突出，总有一些领导将别人的劳动果实据为己有，突然“横插一杠子”的事情也屡见不鲜。

为了自己最终的劳动成果辛苦一年，到年末考核时，结果与自己的期待背道而驰，这样的事情频繁出现。这种时候，有的直属上司会与下属面谈，表示对考核结果很遗憾。

我也有在考核期被直属上司约谈的经历，当时的上司对我说：“好的考核结果要给咱们中那些需要升职的同事，请你理解一下吧。”当时我负责的项目从销售额上看，要比那个需要升职的同事高 10 倍以上。从客观上讲，那个职员得到的考核结果绝对不应该高于我的。当时我虽然觉得无比郁闷和委屈，但也没有胆量将自己的真实想法说给上司听。通过那次年末考核，我形成了一个观念：考核的结果与此前的努力、取得的成绩关系很小，反而被升职、加薪和其他外部因素或竞争状态所左右，这些因素的影响可能更大。

后来，我的公司遇到了一些小困难，直到那时，公司才第一次对我的功劳做出了肯定。但肯定的依据并不是我平时认为应该属于“功劳”的那些要素，比如项目业绩、销售额等。当时，我带领着一个 3 人的小团队，由于那时进行的项目都很类似，所以我将注意力集中在提高成员的能力上。一有时间，我就对他们进行技术提升或项目业务的培训。看到成员们的成长，我感受到了莫大的意义。不知公司是否看到我的做法后觉得我值得信任，总之我随后被任命为更大的项目组的组长。我询问了公司突然做此决定的原因，公司给出的理由是，能管好 3 个人的领导一定也能管好 18 个人。（第 4 章会详细说明，管理 18 个人的团队时我又遇到了另外的问题，管理的道路并不顺畅。）

这时我才明白，公司层面认为的“功劳”和我认为的“功劳”大相径庭，原来，只有个人成果的功劳并不那么重要。即使执行了一个千万美元的项目给公司带来了巨大的收入，也依然比不上培养成员的功劳。

从此以后，我对于成功的欲望便没有最初那么强烈了。我之前总是在成员和上司之间计较得失，总想着“立功”，但现在放平心态后，在公司的生活更加顺利了。当其他和我职位相当的高级程序员担心自己会被初级程序员“拍死在沙滩上”时，我更关心的是对初级程序员的培养以及他们自身的成长。因此，后来有越来越多的初级程序员希望加入我的团队。

带领更多的初级程序员并助力其成长后，我们的业绩自然而然得到了提升。虽然结果并不总是尽如人意，但只要具备实力，就能面对各种情况。领导应当能够凝聚成员，成员也应当追随领导。

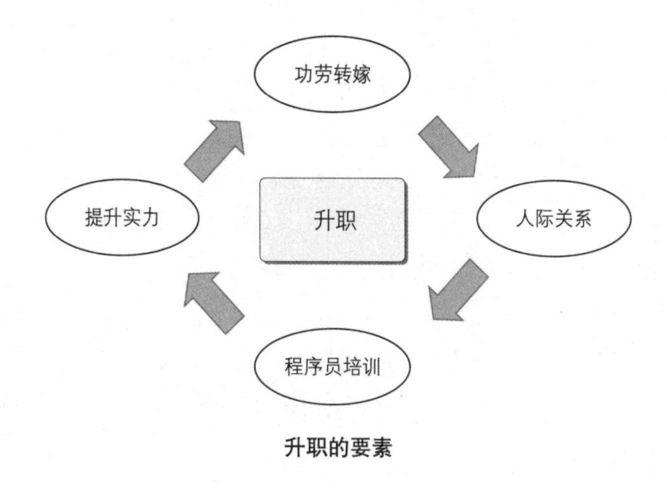

升职的要素

在升职上，好的成果当然比凄惨的业绩更能带来好的影响。但我想指出的是，这一点通常对升职没有太大的影响。如果只追求成果，反而会遗失最初的目标，导致崩溃。无论对公司还是对个人，主次颠倒都不会得到好的结果。真正的成功不是坐上高位这种无意义的升职，而是凭借实力取得的。若想取得成功，就要把自己的功劳分给他人，将自己掌握的技术也一并传授。

本章以领导的沟通为主题，讲述了我的一些经验。领导不仅要重视沟通，还要始终起到模范带头作用。所有成员都关注领导的行事方式，所以领导要更加严格地要求和约束自己。不仅如此，领导要想施加影响，必须展现比成员更出色的能力。为了提升这两方面的能力，必须进行自我开发。第 4 章将介绍如何以身作则以及如何提升能力。

第4章

领导的自我开发

27 我就是唯一

“我就是世界的中心，我就是最重要的人。”证明这个事实并非难事。无论世界上发生了多么精彩的事情，只要我死了或者我不知道，则一切毫无意义。即使新闻里报道了多么了不得的事情，或是谁买的彩票又中了大奖，只要是我看不见、摸不着、感受不到的，都是虚妄。因此，“世界上最重要的存在就是我自己”。如果不能意识到这一点，你就会感到自己仿佛沧海一粟，被深深的无力感所支配。每个人都要认识到，自己是世界上最重要的人，要有信心改变世界，站在世界的顶端。但过犹不及，发展成为利己主义或个人英雄主义都是不可取的，因为他人也是重要的个体，应当尊重别人的人格。

我最喜欢的电影是《黑客帝国》，我想有很多程序员也很喜欢吧。主人公尼奥的职业就是程序员，他在矩阵世界中利用自己的超能力与支配矩阵的机器、病毒抗争。

非常重要的一点是，尼奥作为拯救矩阵外的现实世界的救世主，被称作 The One（唯一）。虽然尼奥并不确定自己是否是那个可以拯救全世界的“唯一”，但他的帮手“墨菲斯”和“崔妮蒂”自始至终一直坚信，并让尼奥自己也相信，他就是那个可以拯救全世界的存在，为此，二人付出了生命的代价。最后，尼奥自己也认识到，他就是“唯一”，并成功拯救了人类。

电影《黑客帝国 2：重装上阵》海报

“自己才是最重要的”，这种认知是人类的本能。但在社会生活中，人们往往会因为周围人的影响而遗忘这种本能。在韩国，不知是否是因为重视礼仪礼节，大家都将“凡事首先为他人着想”看作一种美德。并不是说为他人着想不好，而是如果凡事都先考虑他人而忽视了自我，则很难感受到人生最重要的幸福。

如果主张“我是最重要的”而受到指责，怎么办？许多人会有此顾虑。正如所担心的那样，这样想的人往往会被他人认为是一个“觉得地球会绕着自己转的自私鬼”，或是有“王子病”“公主病”的“自恋狂”，也有可能被视为“精神世界很独特”的人。但事实上，世界就是以自我为中心的，我们所有人都具有改变世界的力量。如前所述，人类都会认为自己才是最重要的，这是人类的本能。如果违背这种本能去生活，就只能和其他人一样，每天按部就班地过一成不变的无聊人生。因此，非常有必要反复告诉自己具有无限的可能性，让自己认识到“我是一种可以改变世界的存在”。

尼奥需要吃一种红色的药才可以看到现实，而我们觉醒的时刻也该到来了。

我是在阅读朗达·拜恩的著作《秘密》后醒悟的。用一句话总结该书的主要内容就是：“当你把梦想变为现实，你就会把那个梦想构筑得越来越大。”在现实社会中，人有了一定的经历后，就会发现《秘密》中所写的内容简直就是人生的真理。只不过以前只是有隐约的感触，没有整理出来而已，所以通过阅读或听讲座的形式将自己的知识体系化并进行系统的整理。

我最先接触的是《秘密》的同名电影，那个时候正是我人生的转折点。之前，我就是一个每天加班的平凡的程序员，大千世界中一个辛苦的“上班族”，大韩民国一个普通的国民。一个周末傍晚，我和妻子共同看完《秘密》后才恍然大悟，原来我就是世界的中心，是最重要的存在，我有改变世界的能力。一切就像尼奥为了从矩阵中觉醒而服用药丸那样……

从那以后，我开始想象自己遨游在矩阵世界，并像电影《秘密》里演的那样，开始实现想象。俗话说，“好的开始是成功的一半”，小小的成功可以产生大大的能量。就像这样坚信能够将想象变成现实，然后又确实能够实现，如此良性循环带来了个人的成长。

我曾经将自己的经历告诉了最要好的朋友，并给这个朋友推荐了《秘密》的相关视频和其他励志图书。其实我给自己周围的很多人都做过相同的推荐，但令人惊讶的是，大部分人的回答都惊人地相似："只要有积极的信念再加上努力就可以实现吧？但是说起来容易做起来难啊……"

其实，重要的并非积极的信念或坚强的意志，问题的核心在于，要坚信想象可以变成现实。只要有坚定的信念，相信自己坚持的事情可以成功，那么即使没有付出超强的努力，也会自然而然产生信念和意志。想象可以带来希望和快乐，会相信梦想可以成真，这样自然而然就减少了枯燥生活带来的忧虑。正因为坚信梦想可以实现，所以会认为越早实现越好。

但是，如果普通人没有想象和信念，强制自己突然产生积极的想法，或者仅从意志上"努力实践"，那么很快就会筋疲力尽。想象就像汽油，没有想象和信念的实践，与让一辆没有汽油的车飞奔起来没有任何不同。积极的信念会改变人的性格，但"江山易改，禀性难移"。不仅如此，只靠意志去努力实践也并非易事。如果突然改变一直以来的生活方式，比如早早起床开始学习，或者放弃自己的兴趣和娱乐，这样只会徒增压力，很快就倦怠了。

然而，想象和信念可以产生自然的推动力。看到自己的梦想正在一点一点实现时，你会更希望尽快看到成果，进而更加投入。想象就是汽油，自己这辆车被注满时，便会马力全开。

假设你现在的“托业”[①] 考试成绩是 600 分，目标是在 3 个月后达到 700 分，并且实现了这一目标，这会比想象就业成功更开心吗？成绩提高确实让人感到高兴，还会产生一定的成就感，但无论如何还是差了那么一些。

如果让我对“托业”考试做一番设想，我会将时间定为 1 年或 2 年，目标是取得满分。如果得到满分，不但媒体会报道，还可以给认可“托业”成绩的公司投简历，在通过面试的所有公司中选择一家自己最满意的入职。不仅如此，我还会想象将自己的考试经验出版成书，该书会登上畅销书榜首，我也会去各地做巡回演讲。我的想象并不会到此为止，而是连演讲结束后举办签售会的那种满足心理都会想到。如果是这种程度的想象，还不错吧？

再举一个例子，大家会对这个原理有更深的感触。相较于理解，更需要的是跟着本能去感受。

下面是《学习曾是最容易的事》一书的作者——韩国律师张承守在接受 *Money Today* 采访后的访谈报道。

> “为什么不可以只有梦想？难道是因为没有做过睡着睡着突然被惊醒的真实的梦吗？”20岁的张承守很长一段时间内，都在为饭店配送湿巾，那时候他的梦想是以第一名的身份进入首尔大学。“那个时候，‘首尔大学第一名’这个梦想是我的精神支柱。只要一想到‘全校第一’，就会不由自主泪流满面，心潮澎湃。不管有多困难，只要一想到以第一名的身份堂堂正正地进入首尔大学，我就会心跳加速。所谓‘梦想’，就是脑海中只有这一件事。”

---

① TOEIC（Test of English for International Communication，国际交流英语考试），是针对在国际工作环境中使用英语交流的人而指定的英语能力测评考试，由美国教育考试服务中心设计。——编者注

这样的想象不可能不实现。关于想象的方法，大致可以归结为以下几点：

√ 必须是自己或他人即使想想就觉得非常了不起的事

√ 经过 1 ~ 2 年可以实现

√ 将梦想告知家人并得到他们的支持

√ 先对其他人保密，完全实现后再告诉别人

√ 想象并享受告诉其他人自己的梦想实现时他们的反应

（例如：周围的人都会大吃一惊，纷纷表示："什么时候开始准备的啊？真是太了不起了！"他们一定会对我刮目相看的。）

即使你的想象或梦想不太现实，我也建议按照上文提到的方法展开想象。我认为，最重要的是"将梦想告知家人并得到他们的支持"。大家把自己的计划告诉家人，让他们为你出谋划策。和家人一起想象你的成功，那更会锦上添花。自己的成功无疑是一件值得骄傲的事情，还能够在经济上改善家人的生活，这也正是要与家人共享想象的原因。这样做比只有你自己想象会产生数倍的能量。

我总会和妻子一起想象，取得成功时，我会认为"军功章有她的一半"。即使是通过我自身努力取得的成功，最重要的也是让想象成为现实的能量，其中一半都来自于和我一起想象、一起努力的妻子。

另一方面，与家人共享想象，他们给予自己的理解就会更多。如果身为韩国"家长"，职业又是程序员，那么工作时间内会非常不自由。但近来随着时代的变化，"家长"这一角色的范围正在逐渐扩大。在20世纪七八十年代，父亲是事业的主力军。如果一个父亲既能在社会生活中吃得开，又能挣钱照顾家人，就会被认为是一个称职的“家长”。在当时韩国那种困难时期，能解决一家老小的温饱问题，确实可以算得上是“最好的父亲”了。

现在，韩国已经进入发达国家行列，人们的视野有了新的变化，对“家长”的期待也有所提高。父亲当然要参与社会生活，但同时在家庭中也要发挥更大的作用。正因为人们对“家长”提高了要求，所以如果是每天加班到深夜的程序员的家人，自然会有诸多不满。另外，本来每周的法定工作日是5天，但程序员基本周六都要上班，这更会招致家人抱怨。

但是，和家人一起展开想象，有助于获得他们的理解。虽然不可能完全消除不满情绪，但一起分享问题，共同致力于提出解决方案，这样可以打造更好的挑战环境，增加成功可能性。而且，想象变为现实的时候，会对家人给予自己的力量表示感谢，成就感和喜悦也会随之倍增。因此，我对和我一起想象并给予理解的妻子常怀感恩之心。

与孩子一起想象也非常重要。我的大女儿小的时候，我会将自己的梦想说给她听，并和她一起想象。成年人之所以很难进行想象，是因为自己经历太多，疑心太重。“我的梦想真的可以实现吗？事情是不是有什么错啊？”正是因为疑虑太多，所以特别不容易产生信心，不相信梦想可以实现。

与成年人不同，孩子们的想象非常单纯。告诉孩子“爸爸要做这样的事”的时候，他们不会有一丝怀疑，只会想象爸爸完成这件事的场景。孩子的想象就是最好的能量。如果说想象就是汽油，那么孩子的想象就是高级汽油。

如果想扩展想象的边界，首先应当收集尽可能多的能量。最简便、最有效的补给处正是家庭。

我认为，这种一起梦想并最终实现的过程有助于教育子女，可以成为他们人生道路上的指南针。不是有那么一句话嘛，“父母是孩子的第一任老师”。

希望大家回顾过去的人生，想想自己是否认识到了自己的重要性。如果用真心爱护自己，那么不仅不会变得自私，反而会像爱护自己一样爱护他人。我希望自己的文字能够成为每一位读者的“墨菲斯”和“崔妮蒂”。

28 要有规划

请大家将自己一天的日程整理并记录下来，然后写下第二天的计划。假如“今天的目标是正点下班”，那么为了完成这个计划，工作中就不会允许自己偷懒。即使不能完美地处理每一件事，但可以比平时稍微多完成一点任务。第二天继续制定目标，这次详细地写出具体的计划安排和时间，这样可以更系统地处理事情。

为什么这样确立详细计划可以事半功倍呢？答案很简单，因为有了“按计划行事”的目标。事先做好计划，按照计划在某个时间段进行某件事情，这样就不会被他人影响。我们每天都要面对无数抉择，制定计划有助于我们做出正确的选择。将此做法扩大应用范围，比如自己的私事和人生，即树立一个人生规划和实现这个规划的目标。我们确立每日计划时会取得良好的效果，同样，为人生做规划也能带来积极的影响。

但事实上，大部分人并没有明确的规划，因为大家都沉浸于“活在当下”，没有什么空闲时间去思考未来。特别是工程师，很少绘制人生蓝图，更别说制定规划。越是资深的工程师越喜欢稳定，就像齿轮一样年复一年地转动。

韩国企业管理层少有工程师的身影，这一现象的产生虽然有社会环境的原因，但与工程师自身努力不足也有密不可分的关系。工程师普遍沉迷于积累技术和研究，忽视了规划和自我开发。程序员也是如此，整天沉醉在新兴 IT 技术和编程技术中，却不去探究为什么使用和为什么学习。因此，更不会考虑如何将自己的发展与掌握的技术相结合以适应社会需求，或为个人创造利益。很多程序员认为，最新的技术越难、越复杂，越会让人觉得了不起，进而将新兴技术奉为皋臬，但很少能真正用到费了九牛二虎之力学习的技术。

我所谓的“规划”是指，熟悉某种技术之前，思考这项技术能为自己创造多少价值。这还将促使人寻找新的需要，会让只追求技术习得的生活得到多方面的均衡。规划能够为工程师指明前进的方向，告诉他们以后如何习得技术和知识。

制定规划并非天赋，是否具有规划则有着天壤之别。如果有规划，那么无论每日计划还是整个人生，都非常容易掌控。下面详细说明拥有规划会带来怎样的益处。

1. 什么是规划

规划是自己希望具有的样子，是理想中的自己。每个人对未来的构想都不相同，无论哪个方面。程序员中，有的人希望深入研究专业，有的人希望扩大知识面，有的人希望创业，有的人希望研究尖端技术，有的人希望编写专业书，有的人希望成为培训者。即使身处相同的环境，每个程序员也都希望给业界做出不同的贡献。

2. 为什么“有规划”非常重要

第一，是否具有规划就好像在沙漠中参考的地图是否标注了目的地。有了规划，即使身处岔路也可以找出捷径，感到疲惫的时候可以喝到甘甜的泉水。

第二，规划是实现梦想的原动力。让他人产生行动力是很困难的，让自己产生行动力则更是难上加难。周围环境也会随着自身的变化而多少有所改变。当一个人有了明确的规划，就会试图实现，进而付诸行动。如果程序员的梦想是“在当前领域中做到最好”，则可以将“成为程序员领导”作为目标，为此更加努力地学习，用积极的态度全心全意培养后辈。这种积极认真的形象会让周围的后辈和上司对自己刮目相看。

第三，只要有规划，就不会被任何风吹草动所影响。“程序员这行太辛苦了”“程序员职业寿命很短”，听到这些话时，如果没有规划，就很容易动摇。“真的是这样吗？应该是这样的吧，那我得赶紧找个新的救命稻草了。”一旦产生这样的想法，会非常容易放弃。但是，如果目标明确、规划清晰，那么不管别人如何指摘，自己也绝不会被他人的话语所动摇。

3. 如何制定规划

规划越多、越具体越好。哪怕猛然一想并没什么头绪，最好也先写下来。不要管别人怎么想，我手写我心。“我要千万美元年薪”“我一定要入职谷歌或‘苹果’”，等等，无论是对自己职业的梦想，还是对自己人生的规划，都可以写下来，即使暂时无法实现也没关系。接下来，把这些想法写在纸上也好，拍成照片也罢，贴在显眼的、经常看到的地方，因为只有每天看到才会督促自己，形成心理动力。另外，要为规划的实现树立目标。为了实现最终规划而确立大目标，为了实现大目标而确定小目标，要循序渐进。这样做即使不能到达最终的目的地，但依然可以最大限度实现规划。如果你有疑惑：“既然不能完美实现，为什么要去做？”那不妨这么想：“哪怕只是接近梦想一小步，也会比现在的生活好得多。”

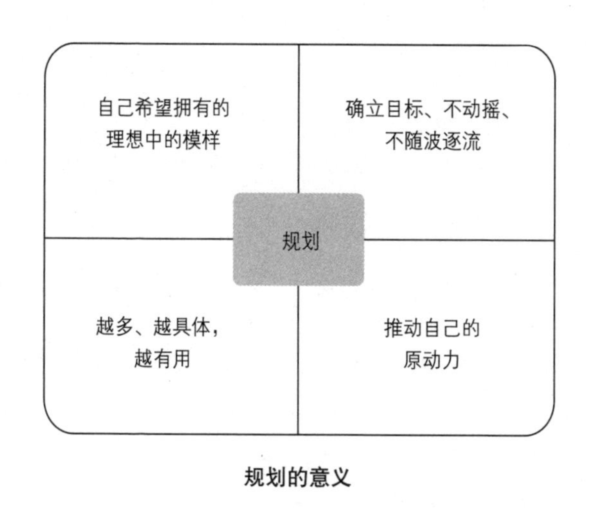

规划的意义

每个人对未来的构想都不相同，程序员领导可以树立如下目标：

√ 深入研究自己的专业领域，成为业界前 1% 的专家；

√ 提升成员的能力，打造专家团队和人才库；

√ 取得专业资格证；

√ 进行多领域研究，拓宽视野；

√ 将自己的经验和诀窍记录下来传给后辈。

除此之外，大家可以制定符合自身特点的规划作为目标。

长期规划可以有效消除眼前那些琐碎的忧虑和苦恼。因为如前所述，人生规划会产生心理动力，还会减少平时生活的压力。

发生火灾时，比起像没头苍蝇似的乱跑，正确的做法是朝着安全出口逃生。人生也是如此，比起只看眼前利益横冲直撞，更重要的是沿着正确的方向前进。

29 摔碎自己的饭碗

有些程序员坚信自己开发的代码具有核心技术，不愿意与同事或部下分享劳动果实。他们认为自己掌握的技术是公司的核心秘密，同时也是自己赖以生存的饭碗，所以才会将代码藏着掖着。这种程序员在其他程序员需要使用相应技术时，会隐藏源代码，只提供DLL，因为他们认为自己的饭碗比什么都重要。不仅如此，这些程序员还主张只有自己能够实现该技术，目的在于让其他人认为离了他就不行。此类程序员的心理是，自己是“唯一”掌握技术的人，希望因此可以从公司那里得到更优越的待遇。

喜欢隐藏“饭碗”的程序员最明显的特点就是，过于看重并总是隐藏技术。他们总怀疑别人是不是要抢夺自己的劳动果实，并认为自己这是在守护自己的价值。但以我的经验看，只想着自己“饭碗”的程序员大多数都没有获得成功。失败原因大体可以总结为以下三点。

第一，即使某种技术当前只有你才能掌握，但随着时间的流逝，几年后也会变成效率低下的非主流技术，终将被淘汰。其他人都掌握最新技术时，如果你一个人依旧抱着已经被淘汰的技术爱不释手，终将毫无用处。

第二，程序一定是需要维护的，如果某个人用只有自己掌握的技术进行编程，并将相应技术隐藏起来，那么该程序只能由这个人修复。其他人无法解决问题，那么这个人就需要在自己的本职工作之余进行修改，这就无形中增加了工作量。一边用只有自己掌握的技术开发程序，一边又抱怨公司不公平，给自己的工作量太大，长此以往会疲于工作甚至离职，这种做法是自掘坟墓，怪不得任何人。

第三，隐藏核心技术的人通常是程序员。站在领导的立场上看，如果一个人掌握了重要的技术而成为核心，那么整个系统会围着这个人转。这会让领导感到非常不安，因为不知道这个人身上会发生什么问题。因此，领导会要求程序员交接重要技术或备份，因为程序出现问题时，如果未能在第一时间解决，就会影响交付，从而对整个项目产生不可预估的影响。由此可见，如果程序员总是喜欢将技术隐藏起来，会诱发领导的不满。

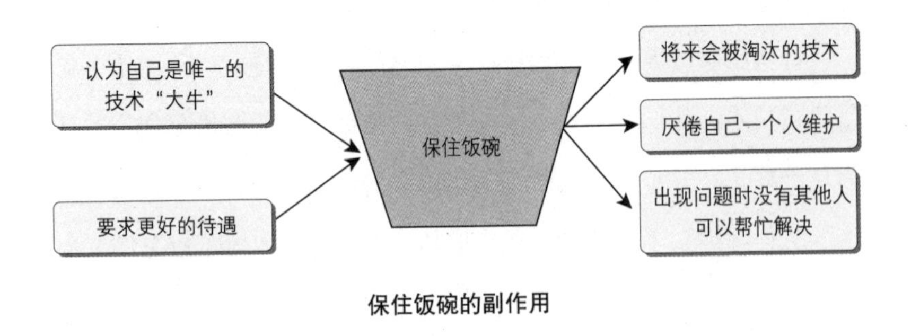

保住饭碗的副作用

只顾着自己饭碗的人不会得到领导和周围同事的好评，所以考核时也不会得到好结果，由此产生的副作用应当由本人负责。

综上所述，越是自己认为重要的技术，越应该传授给他人，自己则要去熟悉新的技术。重要的技术对于其他程序员来说同样重要。如果把重要的技术传授给他人，那么那些被传授者不仅有所提高，而且会产生强烈的责任感。他们会对传授者心存感激，接受业务的时候，被传授者会对核心内容进行修改并得到评价。用相同的方法对初级程序员进行培训或分配任务时，取得的积极效果可以在全组范围内推广。一部分业务可以备份给他人，这样你自己忙的时候，备份者就可以代为处理业务。与其执着于“我是掌握核心技术的核心人才”这样的想法，不如把下属全部打造成核心团队。能力提高后的下属发挥他们的能力时，你自己就有时间钻研新的技术了。

当然，把自己掌握的核心技术都教授于他人时，也会产生顾虑：“我还有什么竞争力呢?”将重要技术和盘托出后，很容易被其他程序员“拍死在沙滩上”。因此，在落后于他人之前，就要加快速度学习并熟悉新技术，这样才会有竞争力。其实，可以给他人讲授技术本身就意味着你已经在一定程度上领先于人。因此，要时刻充满自信地去寻找和熟悉新技术。

30 自我投资

回报率最高的领域是什么？如果这个问题有确定的答案，那么很多人都会竖起耳朵吧。一般来说，成功的投资是指投资后取得的收益较高。在有名的地方做投资并获得利润当然很好，但就我的经验来说，最好的投资地点就是自己。“投资自我”不是说要做什么特别的事，而是提升自己的能力。只有投资自我才不会面临亏损的风险，回报一定会与成本成正比，是最好的投资方式。

下面，我通过企业中的“研发”进一步解释“自我投资”。研发指提升对所有领域的认识，并进行新的开发。

我们经常会看到新闻报道称，研发投资率高的企业在不断成长，市场占有率高的企业的研发投资率也很高。这种现象并非巧合。韩国大型企业的研发投资率普遍非常高，从财经新闻中可以发现，一流企业为了摆脱二流企业的追击，在研发上进行了大量投资。这正说明，很多企业都深刻认识到研发的重要性。

2010 年跨国企业排行榜中，韩国三星排名第 7，LG 排名第 49。三星和 LG 是最可以代表韩国的两大企业，他们在技术上不相上下，难分伯仲。那为什么这两个企业在跨国企业的排名中有如此大的差异呢?

答案就在于对研发的投资。三星在研发上投资了超过 7200 万美元，而 LG 的投资金额为 2400 万美元左右。由此可见，对研发的投资和跨国企业的排名成正比。除三星和 LG 之外，其他跨国企业的排名也体现了与研发成本正相关的现象。

从这种结果可以看出，企业必须为了长远发展而投资研发。对于企业来说，只有不断进行研究和开发，才能创造出更好的产品，这样才会吸引更多顾客。大家都已形成共识，只有投资研发才能走得更长远。

但是，我们并没有意识到，针对自己也应当有投资研发的理念。虽然知道必须进行自我开发，但对于应当投资多少，很多人都感到迷茫。

其实，研发原理同样适用于个人。我们把自己想象成一个企业，正如企业吸引顾客一样，我们要让其他人相信我们的实力，把事情交给我们去做。如果自身具备充分的技术与能力，自然会有人让我们做事。

但事实上，大多数人虽然明白这个道理，却没有好好投资自身的研发。大家都以“没有时间”或“手头有事”为借口，一再拖延。殊不知，你每次拖延的时候，其他竞争者早已投资自己而遥遥领先了。其实，以自我开发为目的的研发投资很容易上手。首先，将每月工资的 10% 拿出来用于研发。可以用这笔钱买书或报名听讲座。

如果对自己做的事情很感兴趣，并有正确的学习态度，那么投资将不会产生什么大的负担。

当然，如果当下有特别需要用钱的地方，可能 10% 的投资比较勉强，此时可以下调比例。但一定要记得，总有竞争者会投资更多比例，如果你下调了比例，与他们的差距会日益增加，最终丧失竞争力。所有事情都有良性循环和恶性循环，即使从较少的投资比例开始，如果能构建良性循环，也会取得惊人的效果。

如果希望针对自我开发的研发投资可以取得更好的效果，就必须重视对自己负责的业务知识的积累，更要加强自发性自我投资的力度。虽然各位的业务以计算机为中心进行，但最终使用计算机的是人。此外，需要做好应对各种情况的准备。比如，一直都在 Windows 环境中工作，可以挑战一下 Unix 系统。诸如此类勇于挑战的姿态是非常必要的。人一旦接触社会，就会遇到许多意想不到的突发状况，已经有处理经验的人会知道如何应对。机会从来都是留给有准备的人的，而没有准备的人往往只会遭遇灾难。

此处需要强调的是，自我投资时不要心疼钱。如果觉得用于自我投资的钱是一种浪费，那么不会取得理想的结果。如前所述，把每月工资的 10% 拿出来进行投资，并做到物尽其用。哪怕是二手书，只要需要，就花钱买。你也许会想："一定要买书吗？不能去图书馆借吗？"不能。书中的重要内容需要反复阅读、反复思考，如果选择图书馆，那么每当需要的时候都要重复借阅，相当麻烦。有的人可能会认为，把重要内容复印下来即可，但有时需要整体掌握全书框架，只复印重要内容就稍显不足了。

同理，如果讲座内容对自己有用，那么报名时一定不要心疼钱。不管怎么说，做讲座的人汇聚了多方面的知识，“听君一席话，胜读十年书”。而且，如果有不明白的地方，还可以当场提问。

将通过书本或讲座获取到的知识传授给周围的同事，学习的效果会翻倍。因为在教别人的过程中，大脑里的东西会转换成永久的记忆。

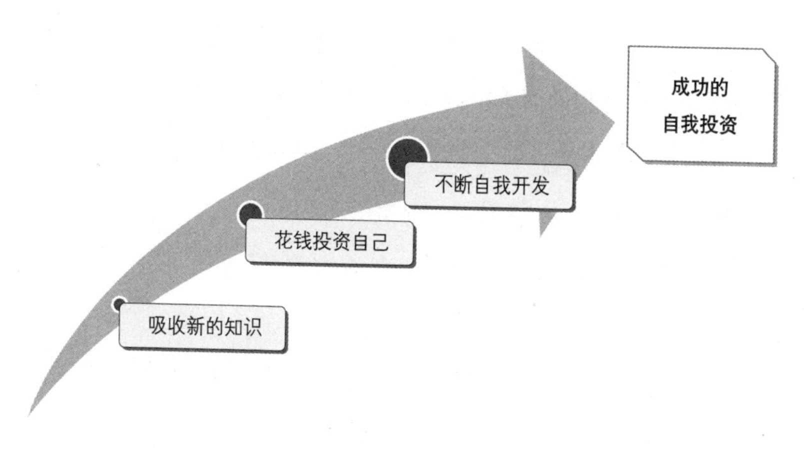

成功的自我投资过程

有些时候，自我开发的过程会让人感到冗长而无趣，因为短时间内看不出什么变化，所以很容易泄气。但是，技术研发不会在短时间内取得成功，同样，自我开发也不可能一蹴而就。为了自身经验的积累和美好的未来，对自我研发的投资不可懈怠。

放眼周围的成功人士，大多数人都履历光鲜。但他们并不是只凭着这些经历就取得成功的，而是始终坚持自我开发才换来今天的成就。正因为过去一直非常注意对自身经历和知识发展的投资，才铸就了他们的今天。现在的每一分、每一秒转眼就会变成过去，明日复明日，明日何其多？如果一直拖着不自我投资，5 年、10 年后，还能过上现在的生活吗？“亡羊补牢，未为晚也”，我真心希望每一个人都能从现在开始关注对自我的投资。从今天开始，只要每天都能比前一天勤快一点，一定会有一个与其他人不同的美好未来。

我们讲了与个人投资相关的内容，下面从团队角度出发，分析研发的必要性和不能实践的原因。

Professional Software Development 一书中称，对职员技术培训进行投资后，12 个月的回报率为 90%，36 个月的回报率为 550%。从这个结果就可以看出，研发能够带来爆炸式的回报率。与投入的成本相比，利润率更高、更稳健，无论从谁的角度看，这都是一种成功的投资吧。这种针对技术培训的投资充满魅力，足以让众多企业伺机而动。

那么，既然大家都切身感受到了培训的重要性，也具有了相应的知识储备，为什么不能运用于实践呢？

作为领导，培训成员需要面临风险、克服困难。每个成员都有自己负责的业务，如果培训造成人手短缺，其他人就不得不分担工作，那么领导需要对此负责。在领导看来，员工去培训可能等于去休假。培训过程中业务无法正常进行，接受外部培训时可能发生不可预知的意外，这些都是领导担心的事情。领导会出于本能地想回避，并通过各种行为表现出来。

对成员进行培训和给成员放假的方法相同。首先，领导必须要有勇气。这种勇气指的是，有员工缺席时，领导必须负责解决意外发生的问题，或让其他成员接手业务。无论成员未能正常休假还是培训不足，原因都可以归结为领导不够勇敢。

如果领导具备了足够的勇气，则会有很多种培训方法，还可以规避风险。首先，督促要参加培训或休假的成员尽可能完成手头的工作，这是社会生活中最基本的礼仪。接下来，领导要让成员们做好进行交叉业务的准备。虽然员工可能会因为要学习不属于自己的业务或做他人的工作而产生不满情绪，但领导一定要说服他们，现在学到的东西日后终将成为他们自己的财富。除此之外，领导本人一定要熟知并掌握成员的业务。如果没有其他成员可以接手工作，领导应当亲自上阵，保证业务正常进行。另外，领导必须对问题负责。领导比一般员工拥有更多可以支配的资源或权限，所以能够利用调整日程或成本的方式解决问题。

虽然领导会担心对成员进行培训或让其休假等情况，但事实上，绝大部分时候都是一帆风顺的。领导平时需要练习给成员进行培训或让其休假，因为这样可以不断提高士气，让成员“充电”后返回岗位，所以一有机会就要为他们提供更好的选择。

31 编程的乐趣

看过创业、金融、餐饮、体育界等成功人士的采访报道就会发现，有一句话的出现频率相当高："疯狂地去工作，成功不请自来。"作为程序员的领导，若想取得成功，必须热爱编程。对编程没有兴趣的人，很难成为程序员的领导。我一直把"程序员"视为自己的天职。下面谈谈编程的乐趣。

有一个成语叫作"百闻不如一见"，意思是"听别人说多少次，不如自己亲自看一下"。也就是说，只有亲身经历过才准确可靠。还有一个成语是"百见不如一做"，意思是"看多少次也不如实际行动一次"。在程序员之间，更常用的是"百见不如一敲"，意思是"比起无数次看书或代码，不如自己亲自敲一遍"，这才是最好的编程方法。

学习编程的王道就是编码，所以很多编程相关的书都从写"printf(Hello World!);"开始。这个方法可以帮助学习者根据简单的代码慢慢熟悉编程环境。熟悉编程环境很重要，因为随着产业的发展，软件被越来越广泛地运用于游戏、多媒体、服务器、客户端、无线、嵌入式、互联网等各种领域。随着软件应用产业的发展，硬件、操作系统、程序语言与开发工具变得越来越专业，也越来越复杂。为了让学习编程的学生可以轻松输出“Hello World!”这种简单的代码，首先要做的就是配置操作系统和开发工具。在准备开发的同时可以熟悉编程环境，因为不同型号计算机的本质都大致相同，无论怎样编程，整体感觉都一样。“好的开始是成功的一半”，如果正确输出“Hello World!”，可以说已经取得了一半的成功。

我最开始学习编程的时候，资料都是非专业人士翻译的，质量十分低下，而且数量少之又少。因此，我没有什么选择的余地，只能一遍一遍反复练习直到理解为止，别无他法。

我的编程生涯是从《21天学通C++》开始的，这本书所讲的学习编程的方法让我十分受用。书中内容并非传授型讲述，而是让你自学掌握。通过21天的时间，每天学习一章，跟着书中讲解编写代码，进而领会编程。即使对于有些内容暂时无法理解，这本书也能够帮你养成亲手敲代码的习惯。

现在，互联网和多媒体的发达为学习编程提供了数量多、质量好的文字资料及视频讲座。问题不再是学习资料不足，反而是信息太多而不知道该如何选择。

此外，技术的发展使得学习方法也有了改变。学习不再仅仅依靠图书，视频讲座中，老师会十分亲切地讲解并演示编程方法。编程学习可以像这样轻松入门，但不论通过书本还是视频讲座，最重要的是本人一定要亲自上手敲代码。如果只是用眼睛看视频中老师教授的编程方法，那么知识永远是别人的，无法为我所用。

编程经验越丰富，越能有效提高程序员的编程能力，这一点毋庸置疑。在实际生活中，经常能遇到有些程序员理论知识很丰富却写不出程序，或者惧怕开发。这种问题产生的原因不在于知识储备不足，而是编程经验欠缺。

对于程序员来说，即使知识储备量再大，如果没有做出过软件，也不会获得长足的发展。惧怕开发的话，可以从编写小型程序做起，再反复跟着课本上给出的例子练习。应当从编写小模块开始，练习将各个小模块联结形成整个程序。这样的编码经验越丰富，越能写出质量上乘的程序。我未能找出比亲自敲代码更好的方法，直到现在依然照着计算机书编写代码。这种学习方法同样适用于其他领域，也不只适用于当下。

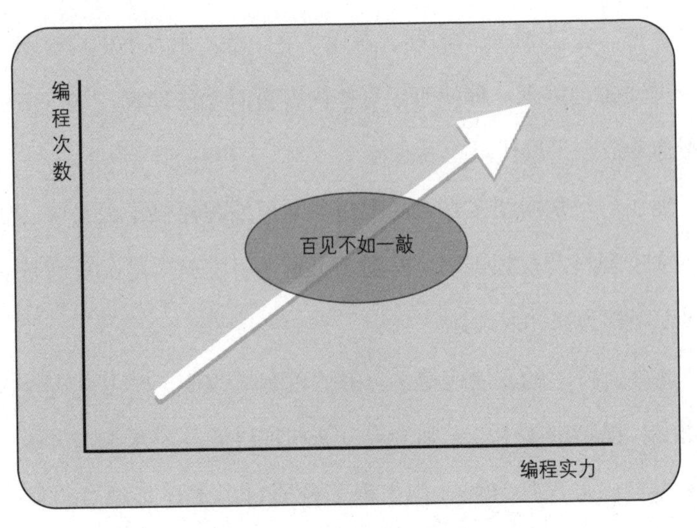

编程次数与编程实力的相关关系

世宗大王[①]探索学问时使用“百读百习”的方法，意思是“读100 遍书，写 100 遍，书上的东西就能变成自己的”。由此可见，世宗大王认为，“百读百习”有助于加深理解。把一本书读 100 遍、写100 遍是异常枯燥乏味的过程，不仅如此，即使写了 100 遍，书中的知识也不可能马上成为自己的。只有以后身处合适的时机和相同的环境下进行实践后，之前学习的东西才能大放异彩。

编程与世宗大王倡导的学习方法大同小异。编程过程中，阅读、录入、实践等阶段一并发生。按照书上的代码实际编程，编译后即可直接生成程序并执行。只要计算机处于正确的配置环境，无论何时都可以检测学到的东西。这就是编程的魅力所在。学习的东西可以马上得到应用，应用后可以巩固学到的东西，正是因为这种良性循环，学习编程才格外有趣。此外，编程是一种创造过程，通过深奥的思考创造软件，这种从无到有的过程可以说正是编程的趣味所在。

孔子曰：“学而时习之，不亦说乎？”意思是“学了能时常温习，不是一件令人心生喜悦的事吗？”这句话恰好是孔子穷其一生寻求学问乐趣的体现。此处的“温习”是指要亲身实践，而不是在脑子里重复。若想编出高质量的程序，就一定要懂得编程的乐趣。就像孔子提到的学问的乐趣，程序员只有体会到编程的乐趣，才能达到更高的水平。

---

① 李祹，李氏朝鲜第四代君主，朝鲜王朝第二任国王，庙号世宗，明朝赐谥庄宪。他在位期间是朝鲜王朝的鼎盛时期，朝鲜社会文化得到长足发展。他在此期间创造了谚文（《训民正音》），对朝鲜之后的语言和文化发展带来深远影响。韩国发行的 10 000 韩元纸币正面图案即为其头像。——编者注

我非常庆幸自己可以成为一名程序员。我在学习、掌握、实践的过程中深深地感受到了编程的乐趣，并被这种从无到有的创造性职业所折服，切身体会到这就是我的天职。如今，人们都比较倾向于选择稳定的职业，如果择业仅仅为了有“稳定的生活来源”，那么需要重新思考。满足温饱之后，人们自然而然会想要寻求知性的、有创造性的高维度乐趣。试想一下，如果每天坐在相同的座位上重复相同的工作，一定会觉得这样的生活很乏味，整天都无比倦怠。

我之所以认为程序员是自己的天职，是因为这个职业非常适合我。从事适合自己的工作是一件无比幸福的事情。人们大半生的时间都献给了职场，最不幸的事情就是做不适合自己的工作。

一开始就想找到一个适合自己的职业非常不容易。我大概在大三第一学期的时候，才渐渐发现自己适合编程。当时，我们的专业是按照入学成绩分配的，我学习时没有感觉到丝毫的乐趣，更别提有什么效果了。如此彷徨多时，终于在数据分析课上发现了编程的乐趣。从那以后，我发觉自己比其他同学的理解速度更快，自己也从中感觉到了异常的兴奋。当时我刚退伍，已经 26 岁了，深深地苦恼于“我这么晚才开始学习编程，真的可以吗?”如果确定要学，那么之前所学的知识将变得毫无意义，一切都要从零开始，我感到十分恐惧。但是现在回想起来，当时也算是在很短的时间内找到了适合自己的职业，成为程序员也是一个无比正确的选择。虽然开始的时间稍稍晚了一点，但因为程序员这个职业适合我，所以我比其他人的学习速度更快，也更能感受到其中的乐趣。

最近，我们公司入职的新员工中，有很多人并不知道程序员这个职业是否适合自己。有些人分明不适合这个工作，却不分昼夜地干活，然后一边哀叹工作不好、待遇不佳，一边熬日子。还没来得及熟悉业务，就跳槽到待遇稍微好一点的公司。我也跳过几次槽，不同公司只有一点点差别而已，每个公司给新入职员工的业务强度和待遇几乎都一样。

如果从事编程后感到当前的职场生活很累，对待遇感到不满，那么不一定是公司的问题，而需要思考自己是否适合程序员这个职业。找不到适合自己的职业，人生会很悲惨。因此，应当重新寻找新的职业，或者努力发现编程的乐趣。即便如此，也没有必要非常急迫地寻找适合自己的职业，因为随着时间的流逝，你会明白自己真正想要的到底是什么。

如果你非常乐于编程，也觉得自己适合程序员这个职业，那就不要抱怨软件开发业工作强度太大或公司待遇不佳。整个业界畸形的发展态势靠一己之力是无法改变的。更换职业也许会得到较好的工作环境，但如果不符合自己的性格，那么不会得到长久的幸福。与其一直被这些烦恼所困扰，不如集中精力全身心投入开发。编程过程中，时间不知不觉流逝，你会感到之前的那些烦恼都毫无意义。“车到山前必有路”，时间会给出所有问题的答案。积攒经验、拓宽视野后，提供更好待遇的公司便会不请自来。

32 趣味编程

如何能以愉悦的心态编程呢？我向其他程序员问这个问题时，大部分人给出的回答都是："不是被迫去做的，而是把编程当作一种乐趣，这样才能以愉悦的心态开发。"

把编程当作乐趣后，即使是小程序，如果能让那些需要的人用到，也会令人感到无比高兴。编程可以让人感受到从无到有的创造的意义，解开高难度算法会产生特别的成就感，把自己做出的程序展示给他人也会迸发出自豪感，实现有创意的想法还可以推动事业的发展。

很多程序员都认为，站在行业最前线能够激发自豪感，或者觉得自己是科幻电影的主人公或黑客。每一个程序员都或多或少有过这样的幻想，但有些程序员不满足于这些幻想，而努力将其变为现实。特别是刚涉足软件行业的新程序员，对自己想要从事的领域有诸多迷恋。他们在自己的想象中开始编程生涯，但发现现实的编程基本上都集中于各种运维和与 UI 相关的内容，现实与想象的差距实在太大了，很多人都因此而感到失望。

此外，很多程序员更能在游戏或虚拟现实领域感受到乐趣。因此，许多程序员更希望涉足游戏、虚拟现实、人工智能等领域。但大多数公司都更注重创收，而非新产业的开发，给程序员分配的任务也多少与个人兴趣有出入，大多都是一些老掉牙的业务。对于那些梦想着电影场景或向往游戏、虚拟现实的程序员，如果一直让他们重复一些枯燥乏味的业务，只会让他们感到失望，不能适应。

想做希望做的事没有错，只是这些事想做的人太多，职位欠缺。而且相关产业尚未成熟，无法产生较高的利润。纵横虚拟现实的想象尚无法实现。即使有欲望去挑战，但很有可能无法形成高利润，进而面临困境。如果盲目涉足自己感兴趣的领域，但月薪却不及之前的工作，心理上会发生动摇。把自己感兴趣的工作作为主业固然会很有趣，但会质疑自己做的是否是正确的选择。

如果离职是为了在自己喜欢的领域工作，会产生许多问题。人心是善变的，5 年后，技术会发生改变，你对当前领域的兴趣也会减少。即使把喜欢做的事情当作职业，也有可能很快厌烦，或者对其他领域产生兴趣。而且，随着时代的变迁，自己感兴趣的领域可能会被时代淘汰，新的领域会应运而生，不可能每次出现新领域的时候都跳槽从头开始吧。再加上自己感兴趣的领域还没有打开市场，如果押上全部的身家，日子会非常艰难。更惨的是，自己感兴趣的领域完全没有市场。

世界上最幸福的生活就是，公司的业务和自己希望做的事情一致。但大部分情况并非如此，或者自己感兴趣的领域和业务不相符，或者有希望的领域的市场规模很小。不能提高市场占有率就意味着很难赚到想要的那么多钱。“难道要因为钱放弃感兴趣的领域吗?”这种想法无可厚非，但如果将感兴趣的领域想成“为了深入研究”的领域，就会改变想法。即使当前无法涉足感兴趣的领域，也无须克制欲望，可以一边学习一边准备。我很喜欢并行处理自己当前负责的业务和其他领域业务。与现行业务分离，把自己感兴趣的领域当作兴趣去学习，这样处理业务的同时可以收集与并行处理业务相关的信息，还能写书，进而保持对感兴趣领域的持续关注。

做好主业的同时，利用点滴时间学习感兴趣的领域，这样当感兴趣的领域打开新的市场后再跳槽。市场已经打开后，之前因为兴趣学习的内容会带来很大价值。例如，智能手机时代来临的时候，该领域的专业程序员稀缺，身价自然大幅提高。这对那些早就对智能手机领域感兴趣并有所研究的人来说，是天赐良机。因此，永远不要放弃自己感兴趣的领域，只要做好充足的准备，“是金子总会发光的”。

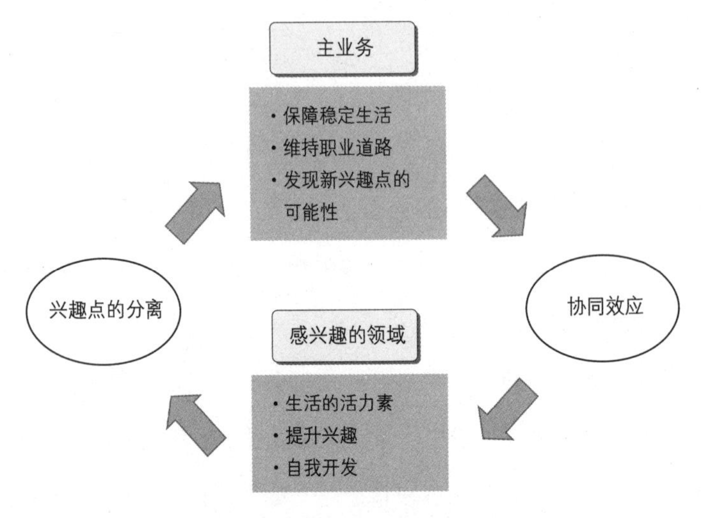

分离主业务与感兴趣的领域的好处

韩国有位音乐人在个人主页上提供问答服务，是非常有名的博主。一位求职的应届毕业生向他咨询："如果从事了自己提交简历的这个行业，那么就不能实现做电影的梦想了。"这位音乐人给出的回答可谓一语击中要害："先就业再择业，把眼光放低一点。即使不喜欢手头的工作，也要一点一点攒钱，用一部分工资购买摄影器材，有时间的时候写写剧本，拍拍微电影也好。以 20 年为期，此间积累的知识量将不亚于真正的电影导演。只在嘴上抱怨'根本做不了自己想做的事'，其实只是在为自己的人生找借口而已。"大家不要像这位求职者一样心急，而要像海绵吸水那样，一点一点积累经验和技巧。采取这种方式，即使开始较晚，也可以没有风险地涉足自己感兴趣的领域。

同时，一定要在自己正在做的主业务领域达到专业水平。新员工最好不要抱着"不让我干自己想干的领域就不行"的想法开始工作，有这种想法的新员工通常不能如愿。人活一世，做自己喜欢做的事固然重要，但没有任何准备就乱闯会成为严重的危险因素。因此，做好当前业务并积攒经验和技巧，然后寻找自己感兴趣的领域也为时不晚。结合主业务和感兴趣的领域两方面的知识，可以产生极大的协同效应。

33 学习如何学习

程序员的领导一定要在成员面前证明自己的专业性，才能得到积极的支持。因此，必须经常对自己的专业领域进行深度研究。既然非学习不可，就需要找到更有效的学习方法。

我在韩国网站看到过书名饱含幽默感的系列图书的封面，该系列的书名用《去学习吧!》《重新开始学习吧!》激励 10 ~ 40 岁的人，直到最后一本封面上的书名变成了《学习到死吧!》。十几岁的时候非常讨厌学习，随着年龄的增长，你会明白学习的重要性。人们对十几岁的学生只是催促着去学习，但并没有认真讲述过学习的重要性，这种半强制性的方式只会让学生产生反感情绪。迈入职场后，我们虽然懂得了学习的重要性，但仍然和学生时期一样，不知道该如何学习。现在，虽然学校会给学生教授学习方法，但职场人士却无处可学，所以要自己寻找学习方法。

父母经常说："可以学习的时候最美好。"不仅如此，韩国还曾出版过一本名为《学习曾是最简单的事》的书，该书的出版发行成为轰动一时的社会热点。但我对类似的言论不敢苟同。学生时期学习那些与自己个性完全不符的科目，让我感到非常之累。只要一坐在书桌前就浑身不自在，有一种如坐针毡的感觉。大学毕业后，我成为程序员，在学习软件开发的过程中才感到无比快乐。

韩国人感到疲倦的原因——为学习而疯狂[1]

坐在办公室里盯着显示器、敲着键盘，既不需要肉体上费什么力气，又符合自己的兴趣，我有时会觉得软件开发就像魔术，一种只要敲一个月键盘就可以拿到工资的魔术。我此前从未自己挣过一分钱，现在却用自己会的“魔术”挣到了钱，真的特别高兴。由此我认为，父母说的“可以学习的时候最美好”不过是成年人对孩子说的谎话而已。

但是，随着社会生活阅历的不断增加，我常常感到学生时期很多知识没有学习到，随之而来的遗憾也越来越大。为了填补这些空白，

---

① 图中韩文书名从左至右依次为：《10～20 岁，为了梦想，为学习而疯狂》《20～30 岁，为学习而疯狂》《30～40 岁，再次为学习而疯狂》《40～50 岁，再一次为学习而疯狂》《学习到死吧！》。——编者注

我开始学习各种各样的知识，也逐渐明白，以前觉得学习无趣的原因并不是不符合自己的个性或兴趣，而是没有找到正确的学习方法。

如果用正确的方法学习，那些以前感到枯燥乏味的科目也会带来全新的感受和快乐。直到过了 35 岁，我才明白这个道理，深深地为以前逝去的时光感到惋惜。从现在起，我要按照下面的方法，根据每种科目的特点开始学习。

其实，我的学习方法并非新创，而是被世人所熟知的方法。只是知道的时机较晚，而且即使知道了也未能付诸实践，所以不知道该方法的效果。我想大家应该早已熟知该方法，下面我将结合自己的经验详细阐述。

我本来并不是计算机专业的学生，直到大三才决定成为程序员，并开始学习编程。在学校的时候，我一个人去机房看书和练习编程，下午则去软件培训学校学习。为了提高能力，我决定在大四第一学期修满毕业所需的所有学分，第二学期只申请 1 学分的在线课程，这样即可顺利毕业。至于第二学期的其他时间，我去了一家软件培训学校进行了专业的学习。

也就是那个时候，我知道了小组学习这种方式。中间的桌子上摆放一块大白板，以 6 人为一组进行学习。这种方式的核心在于，彼此事先约好了，所以谁都不能违背日程安排，各自把自己负责的部分讲给其他人听。此前我一直是自己看书、自己理解、自己背诵，小组学习则是将自己知道的内容教给他人。

相比其他人给自己讲课，反其道而行之的效果更佳，思路也更清晰。当我明白这一点后，在小组学习时，如果每个成员分配的内容不合理或其他人准备不充分，我通常都会主动分担。通过小组学习的方式我认识到，其实重要的并不是这种形式，而是为了把自己知道的内容教给别人的准备及教授过程，这才是最好的学习方法。

但是，给别人教课的机会并不常有。如果是自学，那么想什么时候翻开书都可以，但给人教课就不能如此随意了。不但要证明授课人自己的业务素质，还要根据听课人的情况确定讲课的时间及地点。上课之前还需要准备材料，只有自己完全理解，才能在听课人提问的时候做出正确的回答。

这种给别人教课从而自我提升的机会并不常有，后来我开始四处寻找。进入职场开始工作后，我也会提议进行小组学习，为自己创造机会。如果有同事不愿意在小组学习时发言，我会提议由我负责，劝说其只要参加即可。

除了小组学习之外，职场生活中还有给别人上课的其他机会。对于职场人士来说，最开心的瞬间莫过于积攒经验，以及迎接下属的时候。有人可以一起分担业务固然值得高兴，但培训没有任何经验的新人也很难。但是，我认为培训新人也是学习的机会，都是评价和测试我培训能力的良机。

培训下属时，如果遇到需要学习的新技术或新领域，我会负责编写讲义或制定新的培训课程。这样不断创造机会，让公司对我的印象越来越好。事实上，对于公司来说，组织培训是非常大的负担，找到适合公司特色的定制型培训也并非易事。员工对福利的要求中，从来都不会少了“培训”这一条，但现实却是供不应求。不间断的培训可以提升制定课程的能力和当众发言的水平，同时学习相关内容。

第二种学习方法是备忘录与复习法。这是我考信息处理资格证时学到的，虽然最后没能成功通过考试，但学习到了新的学习方法。将学习主题中的重要内容提取整理后，以备忘录的形式记录下来，反复阅读的同时画出重点，之后自然而然就成了自己的知识。这种方法仿佛可以产生一种超能力——反复阅读备忘录超过 7 次，此后只需 1 小时就可以看完整个科目。

学生时期的我实在不擅长“韩国史”“世界史”这样需要死记硬背的科目，所以以为自己记忆力欠佳。但后来找到学习方法才发现，我的记忆力完全没有问题。只要把一个内容反复看 7 遍，就可以很自然地背出来。之前那么长时间都以为自己记忆力不好，其实不然，我只是之前不知道必须反复 7 次的学习方法而已。

没有掌握这个学习方法之前，我一直认为自己的记忆力不好，那些科目都是我的短板。其实问题在于学习量不足，没能理解各部分内容相互间的关系。背诵完全不理解的内容是一件非常困难的事情。如果对一个主题进行整理并反复阅读，不理解的内容也会自然而然地理解。因此，我不禁想道：“如果高中时就掌握了这种学习方法，会不会考上更好的大学呢？”

第三种是著书学习法，相关内容将在下一节详细讲述。不是因为是专家，知识涉猎面非常广泛所以著书，而是针对自己感兴趣、想学习的领域写书。执笔著书的同时汲取知识，进而成为专家。

那么，程序员应该如何运用上文提到的学习方法开始学习呢？

以长期记忆为目的的学习方法

为了长时间记住学习过的内容，需要不断复习。
艾宾浩斯将复习周期分成学习结束后的1天、7天、30天、3个月。
换言之，复习学过的内容时，次日用大约10分钟的时间、一周后用大约5分钟的时间、一个月后用大约2~4分钟的时间，这样即可转化为可以记住6个月以上的长期记忆。

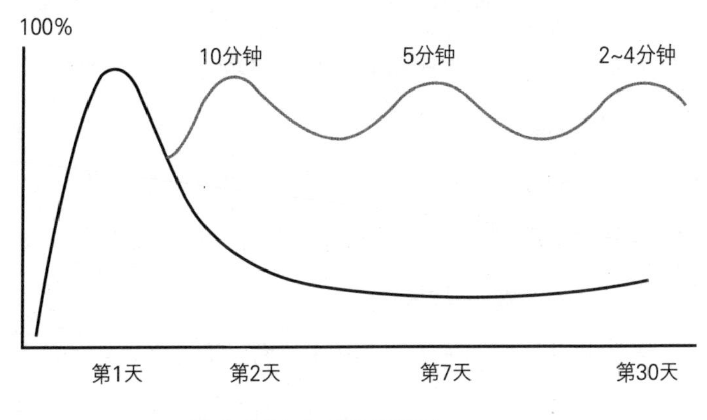

艾宾浩斯记忆曲线示意图

新技术在源源不断地产生，程序员必须紧跟趋势，学习就显得尤为重要，因为可以提升自我价值。疏于学习就会跟不上时代的步伐，很容易落后于其他程序员。即使下定决心坐在书桌前学习，最开始也是非常困难的。没有正确掌握学习方法，学习效率低下，自然不会产生好的结果，会让人灰心丧气。但如果经过多次失败后掌握了适合自己的学习方法，则会体会到学习的乐趣。

开始学习时会遇到一些难关，很难寻找学习起始点。基本功好像不太好，但如果从头学起，时间又不够；从稍微有一点难度的内容开始，又会觉得很有压力。这种时候该如何选择呢？下面我将通过亲身经历对此问题做出回答。

我主要负责的业务是并行处理和分布式计算。对该领域一无所知的时候，我连理解那些概念都相当困难。加之新技术层出不穷，每一次追随的脚步都显得异常疲惫。要学习的东西很多，我内心焦急万分，但不知道该从何处入手。因此，在“从最紧迫的部分开始”的想法的作用下，我首先学习正在负责的 SIMD 领域。理解了 SIMD 的原理后，很自然地掌握了后来出现的 OpenMP、CUDA、Cilk 等技术。直到一次参加学术会议，与其他学者聊天后才得知，那位学者和我的学习顺序完全相反。他先理解了 CUDA 后，才学习了 MPI、OpenMP、SIMD 等技术。虽然我的学习方法与他人不同，但通过自己的学习方法理解了编程的流程。

由此可见，即使基本功不扎实，而眼下有必须要做的事时，也可以从负责的领域开始学习。如果从最基础的入手开始工作，会导致效率低下。从必须掌握的部分入手，遇到特别需要基础知识的时候再学习也不迟。即使不同于正统的学习方法，只要殊途同归，就不会出现什么大问题。

找到适合自己的学习方法后，需要寻找学习对象。必须确定一个主题，之后深入研究。此后，选用 T 型方式学习更广的领域。要避免在各个领域“三分钟热度”。不管学习哪个领域，都不能只懂皮毛而不深究，那样只能白白地浪费时间。

很多程序员对技术方面的欲望非常强烈，总是喜欢买一些流行的技术书或自己并不怎么明白的领域的书。与其说是为了学习，倒不如说是“买了就是看了”的心理所致。我想给这些人起一个名字——“编程技术书收集者”。连看都不看的书堆成山，每次看到的时候只会徒增压力，因为大脑被这样的想法所支配：“这个也得看，那个也得看，一本都没看成……”因此，我建议反复阅读某个领域的一本书。如果透彻理解了这本书的内容，那么领域中的其他书也会自然而然地理解。

没有信心自学时，可以借助上文提到的小组学习方式。这样不但可以管理时间，还可以将自己学到的内容教给他人或相互提问。采用这种方式时，最好选择水平相当、可以互相帮助的人。假如自己对 A 领域不是很了解，但很擅长 B 领域，而另一个人很擅长 A 领域，但对 B 领域的了解不是很多，这样两个人进行小组学习时，就可以起到互补的作用，取得良好的学习效果。

老人们总说，“要用平时的时间学习”，确实如此。在昏暗的灯光下挑灯夜读，也许短时间内会取得成效，但身心都会感受到不小的压力，要尽量避免这种现象。比起那些每次编程都要现翻书寻找基本函数的人，用自己知道的内容流畅写出代码的人不但效率更高，还会给他人留下出色的印象。就算需要查找资料，也应当明确知道该查哪一部分、哪些内容。

从上市图书和自我管理的讲座中，都可以学习如何学习。起初并不知道哪种学习方法最适合自己，这是人之常情，所以希望大家不要只专注于一种方法，而要多看、多学、多实践，然后找出最适合自己的学习方法。

34 程序员的写作

程序员的工作大多以代码为主，经常专注于如何实现复杂的运算。一个程序由许多小模块组合而成，如何将这些小模块连接起来需要花费大量心思。而写作时，则首先需要对想表达的核心内容下定义，并用修饰性的语言对其进行简单的解释。同样是敲键盘，但逻辑的发散方向不同，程序员没有时间熟练掌握写作，导致文字表达能力欠佳，这种情况十分普遍。不知道是否因为这个原因，虽然程序员的大部分业务时间都坐在电脑前，但撰写文档的时间相对较短，且普遍对此表示反感。

通常，写报告的是下属，阅读报告的是上司。写报告的人总想在报告中描述自己做过的事情或掌握的内容，希望一次性地全部呈现，结果就是整个报告会在不经意间变长。如果不整理思路，整个报告就没有任何条理性可言，看报告的人不能理解，就不愿意阅读。这样，不但上司不愿意阅读这样的报告，报告人也不能准确传达自己的意图。

我做初级程序员时，最难堪的就是给上司看自己写的说明书的时候，上司说："我实在看不明白你写的到底是什么。"那时，我写的文章没有一个标点符号，且每一句话一写就是三四行。看着那冗长的文章，上司感到非常郁闷。

虽然大家通常认为程序员的开发能力优先于写作能力，但是开发能力相当时，文档更有条理、内容翔实、易于阅读的程序员当然会更容易得到高分。而且，无论从事什么行业，写作都是最基本的技能。特别是非自由职业者，写作更是不可避免的业务之一。公司中的写作涉及从报告到开发的软件说明书，形式多样。总结成文的优点在于，撰写完成后可以共享给很多人，并可以一直使用。

有大概 2 年的时间，我每天都在一边分析用汇编语言编写的源代码，一边学习 SIMD 编程。在那段学习期中，我对自己产生了诸多质疑："我究竟是不是在进行高效学习呢?""为什么这个学习会花费如此长的时间呢?"对此，我也进行了深入的思考。得出的答案是，因为缺少通俗易懂的学习资料。为了不让其他程序员再遇到同样的烦恼，我开始总结自己掌握的内容并编写成教材，用该教材在公司内培训其他程序员。结果，接受培训的程序员只用短短 1 个月的时间就消化了我辛苦 2 年才掌握的内容。

从那以后，为了让更多人可以看到自己编写的教材，我决定出书，就此开启了我的写作生涯。但是，写作的过程中，有时我自己都不理解自己写的句子，写作能力着实堪忧。比如用对话的形式进行说明，结果像喝醉酒后的胡说八道。两行、三行，句子越发冗长，我直接用口语化的表达写下了脑中想说的话。这样写出的文章既无任何条理性，还有很多不知所云的话。整篇文章特别奇怪，如果是完全不了解相关主题的人，甚至会觉得"这地方为什么突然出现这么一句话"。

另一个难点就是，因为记录的是我自己脑海中的想法，所以我感觉不到有哪些地方不自然或很奇怪。其他人一眼就能看出并指出不足之处，但我自己很难事先看出问题所在并做出修改。除非逐字逐句阅读，才可以看出主语、谓语、宾语和助词等是否配套，否则完全无法察觉。

脑海中的想法并不能按照顺序闪现，也是难点之一。因此，在想法闪现的时候，先不用急着马上记录，而要在脑海中梳理好流程，再用笔记下简单的结构，之后再整理成文字。这与编程很相似，先不直接敲代码，而是先画出设计图后再写代码。

写文章时，要把自己的惯用表达或专业术语换成大家都耳熟能详的词汇，文章要通俗易懂。除非是写给自己看的日记，否则一旦涉及给他人传达信息，文章的意思就必须准确。

熟悉编程是一个需要长期坚持的过程，写作也是如此。用文字表达自己脑海中的信息或想法，也是一种自我开发的方式。很多人平时没有接受过正式的写作训练，撰写报告等文档时文脉不清晰，可读性差。众多程序员都表示，很难用文字表达自己的想法。可以说，这是每天只与技术数据为伴的工科生的一大特征，因为对于他们来说，很少有机会用文字表达自己。

写作时，一定要记住以下三点基本规则。

第一，“有因必有果”。二者缺一不可，否则会让人产生“为什么会这样？”“所以呢？”这样的疑问。为了避免这种情况的发生，写文章时，句子逻辑一定要明确。

第二，句子不要过长。先把脑海中闪现的内容用短句表达，然后再根据意思连接成完整的句子，这有助于读者把握整体含义。

第三，划分主语、谓语、宾语，确认语法是否有问题。此外，还需要适当添加正确的标点符号，以便读者更准确地把握整个句子的意思。

写作时的基本规则

基本规则	说　明
写明因果	句子的前因后果明确、逻辑清晰
避免长句	短句更有助于把握意义
遵守语法	划分主语、谓语、宾语

在技术文档中讲解示例时，有时会需要添加注释，此时需要站在读者的角度撰写。如果面向的是程序员，那么读者应当有一定的专业基础，没有注释也能理解；但如果对象是非专业人群，则需要用注释帮助其理解。

Professional Software Development 一书中提到，有 10 年以上编程经验的程序员应当写书。教授或讲师主要写的是学术型文章，而亲自编程的程序员需要将自己的经验、秘诀等传授给后辈。

写书的意义并不只在于写作本身，整理自己知识储备的过程本就意义非凡。用文字的形式整理事情有很多优点。

总结知识储备的过程中，可以弥补不足之处。而且开发时如果有需要的部分，因为有了整理妥当的书本，可以再次找出来阅读，回顾起来也很方便。虽然整理成文字的过程会花费大量的时间和精力，但从长远来看，不但可以节省时间，还可以推动事情顺利进行。

说出想说的话很容易，但让对方理解并理解对方的想法则不那么简单。互相不能理解时，往往会反复询问同一件事情。对话时，因为需要当下马上说出要说的话，所以很多时候不能完全表达自己想说的内容。事后经常会后悔："我当时为什么会说了那句话？""当时为什么没想起来这么说？"但是，用文字表达给了我们思考是否准确叙述的机会。不要白白浪费这个机会，一定要认真思考信息的传达是否准确，避免误会。

多写代码可以提高编程实力，同样，经常练习写作也可以提升文字表达能力。如果你感觉自己写作能力欠佳，那么一定要坚持练习。

35 如何撰写文档

即使信息化时代早已到来，撰写文档的重要性依旧无法改变。通过文档沟通的方式虽然原始，但可以保持永远不变。俗话说："笔杆子强过枪杆子。"随着世界越来越广阔、越来越复杂，比起面对面的交流，人们更倾向于通过文档进行间接沟通，因为文档可以在缩短见面时间的同时传达内容。

文档会一次性传达给很多人，或是一些重要决策的标准，所以其撰写就显得尤为重要。因为文档内容会导致失误或让事情的方向发生偏离，将对项目进行造成重大影响。公司内部有时会发生这样的事情，仅仅一页的文档就向所有职员传递了错误信息，导致不能正常审批。因此，哪怕是只有一页的文档，也要投入时间和精力用心去写。撰写完成后，还必须仔细检查是否有语法和拼写错误。虽然撰写文档会花费大量时间，但一份完美的文档却可以长久地使用下去，因为以后撰写类似文档时会方便得多。

如果因为自己撰写的文档而几次受到上司的训斥，那么以后一听到"撰写文档"这个词就会感到无比有压力。但是，如果不能治愈所谓的"撰写文档恐慌症"，即使日后升迁，也会一直被文档所困扰。特别是一旦投身于公司，就一定会经常写专业性文档。不要把提升文档撰写能力想成浪费时间，因为出色的文档撰写能力可以帮你获得数不清的回报。

如前所述，文档代替的是面对面的沟通。虽然可以减少见面后的交流时间，但要在文档里说明所有事情，还是比较有难度的。如果文档内容不够明确、具体，或者让人不明就里而需要逐一说明，那么就失去了其应当承担的交流的意义。因此，撰写文档时很重要的一点是，要简化不易理解的内容，承载更为详细的信息。

我认为，最重要的是逻辑条理性。根据逻辑条理可以提取目录和小章节的题目。较好的做法是，撰写文档前先确定目录，再让各单元的题目起承转合，充实逻辑。

要想文档富有逻辑，必须在开始撰写之前就写好目录。应当根据起承转合安排章节，然后决定每个章节的主题和题目。各章之内也要根据起承转合安排每个小节，各小节也有自己的主题。按照逻辑去填充内容，写出的文章自然会具备逻辑条理性。具备完整结构以后，可以说，已经完成了撰写工作的 80%，剩下的 20% 只需用具有说服力的数据和易于读者理解的说明填充即可。

为易于理解，可以采用图表的形式，图片帮助理解，表格概括核心内容。

以此为基础，下面讲解文档撰写过程。

撰写文档的第一步是，思考要写什么样的文档。拿出一张白纸，写下主题和相关的想法。确定主题后，整合与该主题相关的信息，写下想要添加的内容。不管三七二十一，先把自己想到的内容都写下来。写的时候不要思考，想到什么就写什么。这样漫无目的地记录时，会迸发出许多之前没有想到的灵感。整合过后，删除与主题毫不相关的内容，这样可以轻松分离重点内容和非重点内容。

此外，被要求撰写文档时，要明白对方对于文档的本质需求，还要对文档的阅读者有所了解。文档的阅读者可能是自己、所属部门、所属公司，所以必须明白阅读者需要的信息。事前必须调查阅读者最想知道的内容，还需要考虑阅读者对某一领域的背景知识了解程度，再根据阅读者的水平解释专业术语。一定要铭记，即使身处同一公司，一线人员和管理层的背景知识也绝不相同。如果苦恼于要写什么内容，可以遵循“六何原则”：“什么人？什么时间？在什么地方？做了什么？怎么做的？为什么做？”这六点缺一不可，决不能删减，但也不能因为是必需的内容就无限重复。

接下来，寻找与主题和内容相符的参考资料。这个过程决定了整个文档的走向。为了避免中途彷徨，最好确立坚实的骨架。要根据关键字提前准备相关的资料。如果确定引用某个内容，则需要贴上标记页数的便笺，或在相应内容下划线标明，这样可以在写文章的过程中快速找到自己需要的部分。

为了让文档准确传达意思，必须提前设计文档结构。文档设计的基本要求是，“让拿到的人想看”。应当避免整篇文章被绪论、本论、结论填充得满满当当。如果一篇文章中看不到节奏感，那么不会有人愿意阅读。虽然满满当当的文章会让人觉得确实下了一番功夫，但大篇幅文字会造成视觉疲劳，根本无法激发阅读兴趣。而且，为了刻意表现自己在撰写文档上花费了大量时间而将文章写了很多页，反而会起到反作用。篇幅冗长而又不知所云的文章只会降低可信度，同时也没有考虑到阅读对象的时间。与其写了好几页而阅读者完全看不出中心思想，不如给他们一页内容明确的文章。

若希望文章具有吸引力，则需要添加故事，也就是利用“框架效应”。世人会以自己的想法为中心认知世界，所以利用与阅读对象相近的事例、比喻、比较等，更能吸引对方的眼球。比起直接说“这个很好”，不如在罗列实际的事例后说：“您有过类似的经历吗？遇到相似的情况时，可以采用这种方式解决。”这样可以增强说服力。此外，列举相似的事例时，采用比喻或比较的方式有助于阅读者更好地理解。

结尾部分需要再次总结整篇文章的内容，强调该文章的主题和中心思想。需要注意的是，即使是相同的内容，也不要原封不动地复制粘贴前边的话。要用善始善终的心态重新撰写包含文章主题的文字。此外，最好能以已撰写的内容为基础，对可能产生的前景加以描述。有问题时展现解决方法，有好的解决方法时展现其可以带来的效果。

完成文字内容后，为了有更好的视觉效果，需要编辑加工，比如再次确认分段是否准确。如果是调研报告，为了帮助阅读者理解，需要添加图表。插入图片时，最好使用像素未受损的原始图片。绘制表格时，数值的排列最好采取左对齐的方式，因为大部分人习惯从左至右阅读。

考虑到阅读者的时间和阅读时的便利，文档撰写者要帮助其一眼看到重点。也就是说，要提示阅读者，虽然所有内容都很重要，但重中之重所在何处。最重要的部分可采用阴影形式加以强调。

打印文档后，有必要再确认一次。拿起红笔，大胆勾画，找出需要修改的部分。在显示器上看的文档和浏览打印出来的文档是不一样的，通过显示器无法找出的错误通常在打印后都可以找出来。一些小的拼写错误不算什么大问题，对待数字却需要十分认真。写错数字是很可怕的，因为数字在交易结算中是十分重要的因素，且对决策产生影响。一个数字的失误而让整件事情从头开始的情况也时有发生。

撰写文档的过程

过　程	确认事项
设定主题与关键词	整合脑海中浮现的内容，删除多余内容，为阅读者考虑
寻找与主题相符的参考资料	查找资料并标识需要引用的部分或信息
设计文档结构	采用绪论、本论、结论等完整的结构
在文章中增添故事	考虑阅读者，使用举例、比喻、比较
在最后总结中心思想	使阅读者把握整体内容和文章意图
段落整理与添加图表	整理排版，使用可视化资料
打印后再次确认	检查数字等重要的数值信息

为了写出好的文章，需要多看、多写、多想。多接触美才能练就一双发现美的眼睛，同理，只有大量阅读文章，才能练就一双可以分辨优劣的眼睛。要杜绝按照现有的质量并不高的文档撰写报告。先选取几篇评价较好的文章，再根据这些模板撰写，经过长期练习，你的水平会超过模板。为了获取客观评价，此时可以给别人看你写的文章。无须在意评价人的撰写水平，因为从他人的角度可以发现撰写人自己未能发现的问题。

36 宣传团队成果的必要性

程序员普遍认为，“只要做好软件开发就行”，所以以为只要自己编程能力优秀就一定可以得到公司的肯定，升职也是理所当然的。过于专注提升能力，将导致不知道如何展示个人业绩。好的公司中，只要实力出众是可以得到优越的待遇的。但令人遗憾的是，现实中的公司大部分并非如此。

假设有两个人做出了水平相当的产品，那么这两个人中，更吸引人的那位会更受关注。一个人介绍产品时话语清晰、条理明确，另一个人只是泛泛介绍就结束了，人们当然会更注意前者。此外，即使不是需要引起人们注意的情况，在平时也应当努力成为可以抓住人心的人。

刚入职时，只专注于提升实力也可以得到认可。因为上司也多为程序员，只要展现自己的实力，上司就可以估摸出这个员工的水平。但随着不断升迁，你会离管理层越来越近。这些人不接触编程工作，会以实际业绩作为评价的主要因素。初级程序员的竞争靠的是实力，而管理者的竞争力则是自己做出的成绩。也正是由于这个原因，上司通常会尽最大努力向管理层展示自己或团队的业绩。在所有人都积极表现的情况下，如果不站出来展示自己或团队的成果，管理层是不会来主动了解的。要想着“不站出来就来不及了”，完美展示自身的业绩。

如果营销人员和程序员竞争起来，这个游戏就不那么容易了。因为收服人心的能力早已深入营销人员的骨髓，但程序员却不擅长与人打交道。特别是在公司内，经常看到程序员因为不懂办公室政治而被排挤、冷落的情况。如果在以软件开发为主要业务的公司，程序员很少会受到排挤，因为此类公司的总裁大多也是程序员出身。

但是，如果公司的主要业务不是软件开发，那么程序员往往在公司中处于边缘位置。越不是主流，展示成果就显得越为重要。但程序员普遍羞于展示自己的成果，他们会谦虚地认为:“我的业绩和成果怎么可以从自己的嘴里说出来呢?”但这可不是谦虚的时候，越是充满自信地展示自己的成果，越能获得对方的信任和认可。哪怕做了一点微小的工作也要宣之于口，让公司知道。细微的改善成果也要积极告知他人，要强调自己通过不懈努力成功地攻克了技术难题。

大多数程序员对于自己的开发成果都有着很强的自豪感，但羞于展示。他们认为“总有一天总有一个人会知道的吧”，但“那一天”和“那一个人”是永远不会出现的。所有人都在进行自我公关而你不做，那么努力取得的成果只能被埋没。

应当坚定地认为:“得到的认可要配得上我（团队）取得的成果。”如实强调成果本身即可，只要不是刻意夸大事实、弄虚作假，那么即使强调也不会被指责。积极宣传自己的成果，并说明以后会产生的效果、优点和目标，可以取得更加良好的宣传效果。

团队带头人的不同宣传方法导致的结果

承认其他团队的成果与强调自己团队的成果同样重要。

感情丰富的人会在小事上呈现出大反应，在细微的事上也会通过肢体语言和好听的话语让对方心情变好。但是程序员不太会展现丰富的情感，因为他们并不擅长。程序员需要练习“反应”。经常练习后，给出反应时会变得更加自然，自己也会沉醉于这种快乐。而且，他人取得成功时如果也能像自己成功时一样高兴，人际关系也会因此变得更加和谐。

为自己取得的成果感到自豪，他人也为我高兴，在工作中不但会更有活力，还会得到更多认可。

37 陈述发言的方法

陈述发言是报告项目计划、进度、此间努力和最终成果并得到评价的一种重要手段。因此，每个职场人士都会因陈述发言而感到很有压力，为此而烦恼。尤其是程序员，平时更多与计算机为伴，不常与人打交道，所以对重视沟通交流的陈述发言更有压力。

随着经验的积累和职位的升迁，在很多人面前通过自己做的PPT说服对方的事情常常不请自来。陈述发言有时拥有可以左右成败的力量，所以可以将其视为一个人的优势和有力的武器。意识到陈述发言重要性的人，一定会不遗余力地调高自己的报告撰写能力和流畅演讲的能力。

陈述发言是给听众阐述发言内容并说服听众的过程。如果创造了优秀的成果，就要表现出该成果优秀在何处，具有什么样的价值。在竞争者如云的状况下，期待有人会找上门主动了解你是非常愚蠢的，必须让自己想说的话深深地刻在听众的脑海中。

提到陈述发言时，必然会谈到史蒂夫·乔布斯。他未曾使用什么特殊的技术，只是通过隐喻或开门见山的方式，让自己的演讲形式朴素，内容丰富。需要经常做陈述发言的职场人士会非常羡慕史蒂夫·乔布斯的能力，但我们其实并不需要像他那样给出令人惊叹的陈述发言，只要达到目的即可。首先，了解陈述发言的基本要领并积极实践，反复练习。史蒂夫·乔布斯在听众面前演讲时显得游刃有余，也是因为之前经过了长时间的准备和无数次的练习。

陈述发言时，最令人担心的就是“舞台恐惧症”。只要一开始发言，声音、手、遥控翻页笔等都会因为紧张而发抖。即使是熟练掌握陈述发言的人，也会在结束前感到或多或少的紧张，因为无论有多么擅长，只要是人，就会出错。

如果陈述发言时出现失误，不要管，直接跳过，专注于接下来的内容才是正确的做法。不能释怀一次失误而不断纠结，那么结果很可能是搞砸整个发言。

即使出现失误，也要乐观去面对，想着“下次一定会做得更好”。哪怕整个陈述发言都搞砸了，也要放下负担，不要认为一切都完了。陈述发言固然重要，但这个瞬间不能决定所有。发言结束后当然要反省和反馈，但不要因为失败而自责，否则心理压力会增大，自信心也会大幅度下降。为了克服这些困难，“充分的准备和练习”必不可少，这样不但可以增强自信心，还可以克服恐惧心理。

我进行陈述发言时，也有过声音颤抖、面部肌肉抽搐的经历。越是准备不充分、听众众多的情况，这种症状表现得越明显。因此，听众越多，我对陈述发言做的准备越详尽。随着经验的增多，这样的现象也就自然地消失了。出现失误时，我没有惊慌失措，而是抱着“把准备的内容全部讲完再下台”的心态继续下去。

陈述发言的准备可以总结如下。

首先，必须考虑要在何种听众前做陈述发言。也就是说，根据听众的身份是上司、成员还是客户，运用不同的背景知识。这样做有的放矢，集中讲解对方不明白的信息和感兴趣的部分。如果陈述发言的中心内容是听众所熟知的，他们就会感到非常枯燥。此外，准备一些符合听众心理的故事也是比较好的方法。站在听众的立场上再做一次思考，不但可以激起对方的共鸣，还可以让说服的过程变得更加顺畅。

其次，准备言简意赅、一目了然的 PPT。有的人为了缩减自己需要说的话，而将内容像 Word 文件一样生搬到 PPT 上，还有人完全是在念 PPT 上的内容，这些都不能称为优秀的发言。文字生硬的 PPT 会让听众在听到发言之前就产生厌烦心理，而且一旦在正式陈述发言之前就掌握了内容大纲，听众的专注度也会下降。因此，PPT 上的内容要激发听众的兴趣，只简单罗列需要的部分，由此唤起他们的好奇心。

虽然很容易被认为“想得太多”，但我依然要强调，语气也是陈述发言时需要考虑的要素。因为陈述发言是一种宣讲的场合，所以有些人通常使用正式的语气表达。但是正式的表达比较生硬，最好不要用于陈述发言。如果发言人感到不自在，听众也会有同感。因此，无须特别在意表达是否正式，亲切的语调、更容易贴近听众的语气反而最好。

此外，还需要考虑陈述发言的时间。一个优秀的发言人会根据听众的反应进行发言。比起急匆匆地在限制时间内完成发言，更好的做法是，根据听众的注意力集中情况和态度，随时调整陈述发言的节奏。但是，经验不足的发言人只会专注于陈述发言的内容。他们认为自己必须讲出所有准备的内容，根本不在意听众的反应。然而，一旦听众的注意力下降，就不会吸收真正重要的部分。

如果陈述发言太长而时间不足时，要能够在一定程度上感知听众希望休息的氛围。至少不要让听众在陈述发言结束时产生“啊！终于结束了！”的感觉。陈述发言不能让听众觉得在“上刑”。发言人可能感受不到，但坐着的听众的注意力会下降，身体也会变得僵硬。时间不够时，应当尽快结束发言，进入答疑环节。

正式陈述发言之前多练习几次，比在当天只拿着准备的材料进行发言效果更好。如果提前练习过，就会认为“只要按照练习的时候做就可以了”，从而产生信心。而且，也可以和成员一起备战，提前准备好可能会被问到的问题。

从我的经验看，陈述发言最好的练习方式是，选取一种新技术或学习教材中的一章，在小组学习的时候利用 PPT 给成员讲解。这种方式如同讲课，将教材上的内容写成发言稿并进行说明，介绍自己的开发方法。这种给他人讲课的方式值得推荐，不仅可以提升自己的实力，还能向他人传授知识，同时也是练习陈述发言的好机会。

需要注意，并不是做过几次陈述发言，就可以成为优秀的发言人。如果平时面对的听众都不多，结果突然有一天站到很多人面前，那么又会像第一次做陈述发言时那样紧张。而且，是否在熟悉的地方做陈述发言，结果简直天差地别。因此，确切地说，“在多种环境中做过”比“做过多次”更重要。必须具备适应各种环境的能力，比如在上司、客户、不特定人群面前，在陌生的空间中，等等。

陈述发言的基本准备方法

陈述发言要素	准备事项
考虑听众	考虑听众的身份，准备符合其水平的内容和故事
PPT	需要可以引起听众注意的、整理得当的 PPT
语气	与生硬的正式语气相比，最好让听众觉得舒服
时间	观察听众的注意力，应当在听众感到疲惫或发言时间较长时结束
练习	进行实战练习直至掌握全部内容，在多种环境下练习

采取逃避或敷衍的态度对待陈述发言，那么即使有多次经验，实力也只会原地踏步。不仅如此，如果身为初级程序员的时候就对陈述发言没有信心，即使以后成为领导，也会让成员代替自己去做，习惯性地逃避。由此可见，亲自做陈述发言是十分重要的。如果采取敷衍了事的态度，事后也没有任何反馈，得过且过，那么既不会有变化，也不会有发展。重要的是，首先要自己反馈，能够挺身而出主动参与陈述发言。如果不敢采取主动，那么至少在接到陈述发言的任务时不要逃避。

当自己不是发言人而是听众时，也需要为发言人考虑。如果发言人经验不足又异常紧张，这时要避免进行攻击式的提问。当然，指出不足之处是好的，但要注意不要使用激烈的言辞，不要摆出攻击的姿态。经验不足的发言人本来就更紧张，如果听众表现出哪怕一点点的冰冷的态度，发言人也会丧失斗志。这样在下一次陈述发言时，就会变得更加紧张，最后彻底逃避。此时，需要用培养后辈的心态关怀经验不足的发言人。

38 紧跟时代变化

IT 业的技术发展可谓日新月异。从全球趋势来看，看似可以永流传的微软 Windows 和英特尔也随着移动时代的到来经历着巨大的变化，谷歌和“苹果”都在极速成长，不断竞争霸主地位。以前在 Windows 环境中制作的软件技术也超越了 Web 环境，进军移动环境。

即使是曾经盛行的行业，如果不能顺应时代的发展，也会在瞬间衰退。如果足够幸运，抓住时代的尾巴并奋力追逐，那么可以勉强维持现状。变化总是伴随着危机，如何应对危机决定了公司的生死存亡。

随着市场的变化，有的行业不断发展，也有行业逐渐消失。竞争公司少且发展可能性大的行业叫作“蓝海”，现有行业中竞争饱和的领域则为“红海”。受“蓝海”和“红海”现象影响的并不限于公司，还包括个人。当你从事的行业受到“蓝海”现象或“红海”现象的影响，如果不能适应变化，则会遇到难关。那么，程序员应该如何应对“蓝海”现象和克服“红海”现象呢？

虽然任何行业都有技术上的差异，但大部分行业都需要程序员。即使如此，该行业是“蓝海”行业还是“红海”行业，以及在这两种现象中采取何种对策，都可以决定程序员的人生。

在“蓝海”行业中工作，这本身就保障了可持续发展。如果同时又能成为该行业的专家，那就再好不过了。因为在有发展前途的行业工作，所以哪怕是“半路出家”，也可以得到好的待遇。随着经验的积累，还会迎来升职，成为业界专家。

但是，如果身处本身就没什么保障可言的“红海”行业，则需要担心的事会不断增多。有时，程序员刚入行就进入的是“红海”行业，有时跳槽到“红海”行业，还有的人刚开始进入的是“蓝海”行业，结果日后转变为“红海”行业。在“红海”行业工作，会增加对未来的不安，待遇也会下降。那么，为什么很多人不能从“红海”行业脱身呢？

职场新人入职时并不能准确区分自己从事的行业是“蓝海”还是“红海”。即使是有着丰富经验的老前辈，也很难看清哪些行业可以顺应时代的发展而成长，职场新人则更不容易具备这样的慧眼。如果有人可以一眼看穿具有成长潜质的行业，那么这种能力会是创业或投资股票并取得成功的捷径。

职场新人选择工作时，比起整个行业的荣辱兴衰，更注重就职可能性、公司规模、薪酬及福利待遇。更具规模的公司和更高的年薪是选择工作的标准，但抱着“大企业是铁饭碗”的想法开始职业生涯后，突然遇到组织结构调整、公司状况变得混乱时，会因为与自己的预期不一样而惊慌失措。当然，如果成为有“神的职场”[①]之称的金融圈电算师或专业技术岗位的公务员，则可以减少这方面的烦恼，但毕竟那样的职位少之又少，用人需求有限。

---

① 即“神都羡慕的职场”，韩国新造词，指稳定、钱多、事少的国企职位。

——编者注

与上文提到的职场新人不同，有的人选择职业时更愿意挑战自己感兴趣的领域。比如，有些人喜欢游戏并希望能够亲自开发，所以进入游戏公司。我在一定程度上理解这样的梦想，但现实的问题是，有太多的人有着同样的梦想。这就意味着如果没有特别突出的能力，自己的处境就会变得不安定。游戏产业曾属于“蓝海”行业，但随着梦想成为游戏开发者的人不断增加，该产业最终变成了“红海”行业。有开发游戏的梦想固然好，但如果逐渐遭遇竞争并受到不好的待遇，工作满意度会下降，最终达到自己的底线。

有一定社会经验后，会看出或切身体会到行业的发展趋势。不仅如此，还会本能地感知到自身行业市场的减少，或得到信息称市场已经达到上限。即使得到这些信号，未来 1 ~ 2 年也不会发生什么大的问题，不必过于担心，但是，感悟到这些信号的瞬间，必须开始做准备。毫无准备地迎接变化会让人生变得更加困难。

如果你本人身处资深的“红海”行业，则需要确立脱离苦海的战略。跳槽本来就不容易，如果同时还要转行，则更是难上加难。最大的困难来源于对跳槽和挑战新领域的恐惧感，因此，面对变化时最需要的就是战胜一切的勇气，有时，不考虑后果的做法反而会成为上策。但大部分人都会三思而后行，所以需要通过理性的判断降低恐惧。

√与其一直身处“红海”行业，不如转移至可以获得更好待遇和福利的“蓝海”。

√如果一直身处“红海”行业，那么随着市场的不断缩小和竞争的白热化，最终会到达极限（不断恶化的状况或组织结构调整）。

√“蓝海”行业需要大量人员，所以入行门槛不高。

√“蓝海”行业起步时间并不长，所以专家数量不多，实力上的差距也不大。

√尽早进入比在成熟后进入市场更有利。

理性思考后，很容易得出以上内容。不断思考并理解，本能地会降低因跳槽和转行产生的恐惧感，实行起来比以前更加简单。

我在游戏公司工作的时候，游戏市场并不成熟，很多只有 3 年工作经验的人都坐上了组长的交椅。现在回想起来，那时的组长和职场新人在实力上好像并没有什么太大的差异。但 10 年后，市场早已成熟，那个时候当组长的人已经有了 10 年的领导经验，现在已是行业老手，能将其挤下去的人并不多。那么，现在才重新开始的人，10 年后能否坐上组长的交椅呢？

跳槽到正在成长的行业的效果，如下图所示。

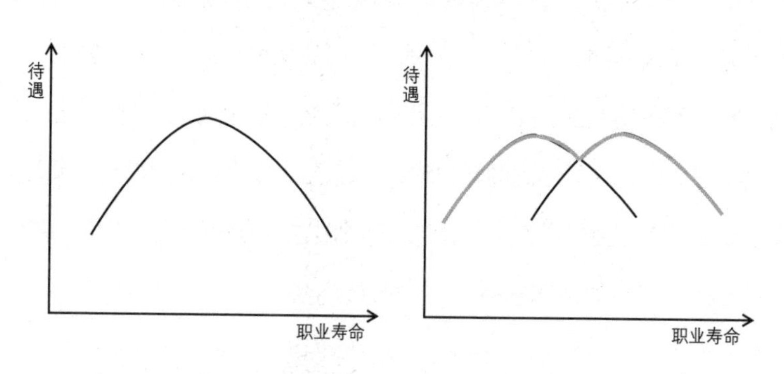

只从事一个行业（左）和转行成功（右）

刚转行时，待遇有可能不及以前从事的行业，但很快就能适应，大概 6 个月后就可以熟悉新的环境。再经过 2 ~ 3 年，就可以像之前一样发挥业务能力，待遇也会随之改善。如果转行成功，可以享受

“蓝海”中的各种机会和福利。

我之前从事的行业现在已经成为“红海”，据当初和我一起进入公司的同事说，入职时的组长现在还是组长，而他自己因为其他经验丰富的职员跳进公司，所以连组长都没有当上。但我从“红海”公司进入了“蓝海”公司，虽然短时间内待遇不及从前，但得益于行业旺势，很快就回到了之前的水平。同时，因为担任大规模投资项目的管理者，我积攒了非常多的经验。转行带来的另一个优点就是，可以接触其他领域，开阔视野。一般的职场人士会在同一家公司工作 2 年和 4 年时感到厌倦。因为经过 2 年的时间后，已经掌握了自己负责的大部分业务，每天都要重复同样的工作，虽然业务熟练度得到了较大提升，却也丧失了兴趣。经过 4 年时间后，每天打交道的人都是那些，此时便会想认识一些新人。

换行的优势就在于，可以自然而然地满足这些需求和欲望。接触新环境、新人的同时，还可以在完全不同的领域中学习。环境发生变化，那么现在使用的技术当然也要随之改变，这就要求程序员学习和熟悉新的知识，这些学到的知识最终会变成自己的经验和财产。此外，适应环境的能力会得到提高，遇到困难的时候也有信心可以顺利解决。

那么，应当如何感知时代变化呢？

第一，随时接收猎头公司的招聘邮件

只要同意邮箱接收猎头公司发送的招聘邮件，就可以知道哪些领域缺人，还可以知道哪些公司过了好几个月还是没有招聘到需要的人员。反正前景甚好而供不应求，所以可以在自己感兴趣的领域慢慢做准备。

这里是 ××× 猎头公司。
此邮件中将**分领域**为您推荐**职位信息**。
您可以在我司**主页**（验证码：1004）浏览更多职位信息。
如有您感兴趣的职位，请将要求与**简历**一起发给我们。谢谢。

1.（上市公司）Automotive/Multimedia Chipset 及 ASIC 专业公司（松坡）

→ Hyundai-autron 最大持股公司 / 销售额 450 亿韩元 / 员工 120 人

1）Digital 设计工程师

- 丰富的 IP 设计经验，有 TOP integration 及芯片测试经验者（有批量生产经验者优先）
- 有前端经验（DC/PT/Spyglass）
- 有框架（ARM C/ASM）代码编写经验
- 有 3 年以上相关工作经验

2）CMOS Analog 及 Power Device 产品电路设计

- 有 CMOS Analog 半导体设计经验者
- 有 Power 相关产品（PMIC、LDO、LDC、DCDC、Motor driver）设计经验者
- 有 PLL 及 interface 电路设计 OP Amp 类、各种 Driver 类 BCD 工程设计经验者

3）Layout 设计

- 有 Power analog/ High voltage/ CMOS Mixed Analog product Layout 经验者（Cadence）
- Power Device Layout 设计及 MOSFET 组件开发（CAD）
- 部门经理 ~ 主任（高级）

4）S/W 工程师

- 必须具备 2 年以上嵌入式系统应用软件开发经验
- 有各种中间件经验 / 有半导体制造公司及解决方案开发公司工作经验者优先

2.（即将上市）Video/ Multimedia IP 专业公司（江南）

→ 韩国唯一 IP 专业公司 // 销售额 100 亿韩元 / 员工 50 人

1）Video Codec H/W(RTL) Engineer

- H.264/ VC-1/ MPEG-2/4 等的 video codec sub-block 开发
- Video codec top merge and verify/ FPGA test
- 可以使用 VHDL、C 语言 / 有 Linux 环境的工作经验
- 有 3 ~ 14 年相关工作经验

2）Video Codec S/W Engineer

- Video IP S/W 开发与 IP 检测
- 对至少一个 video standard（MPEGo2、H.264、VCo1 等）有深入理解
- 工具：C/C++、汇编语言（如 ARM、TI）

第二，阅读电子报刊和杂志

不要求每天订阅或精读，只要定期浏览公司里的电子报刊或杂志即可。相较于某天深层探讨的内容，长期提及的领域才更有前途。此外，如果有“今后供不应求的专家职位”统计，则需要用心阅读。不是要求大家一定学习完全不了解的领域，而是把握趋势。

第三，从学术刊物上可以看出有发展前景的领域

对趋势有一点感觉后，可以获得一些更深入的知识。通过检索信息科学学术刊物或论文，能够学习有深度的前沿技术。

研究多个领域后，如果发现自己非常感兴趣的领域，或深感在某领域具有竞争力，就要有针对性地考察。需要注意的是，如果某个领域的前景很好，但该领域人才已处于饱和状态，或你的经验完全不及其他人，那应当避免从这样的领域开始。要选择其他的新领域，此时竞争对手的经验也不足，雇主可以看到你的经验及其带来的协同效应。即使不是全新的领域，只要你具备不可替代性，那就是更好的领域。必须抱着“今后 10 年不要挨饿”的心态认真准备，慎重行事。哪怕技术上有细微的差异，但因为编程的本质是相同的，所以只要有一点挑战精神，就一定能紧跟时代变化。

39 “饭碗”的大小

大家在公司私下交谈时，有时会谈及自己的“饭碗”大小。此处的“饭碗”指的是个人在公司内部发挥的能力。有些中层管理者既有领导力，又有主人翁意识，总是认真工作，但有的部门主管、高层管理人员的工作能力反而不及中层管理者。这是因为升职时并不100%考虑个人的业务能力，而是论资排辈或由一直以来对公司的贡献决定的。

公司中每个职级需要的业务能力各不相同。普通职员、副主任级别需要执行可以提升自我能力的业务；主任、副部长级别身为中层管理者，需要分配业务、安排日程，并取得成果；部长、高管等上级必须制定标准流程和组织架构，指明发展方向。如果行为与职级不相符，就会产生问题。换句话说，如果职位不适合“饭碗”的大小，在公司内就会成为话柄。

那么，什么是“不相符的行为”呢？

首先，插手与自身职级业务毫无关系的其他职级的业务。中层管理者事事跑前跑后，亲力亲为，甚至把成员的业务都揽到自己身上，这样做会给上司留下工作认真的印象。猛一看好像是积极的，事实并非如此。如果中层管理者对成员的业务事事都要干涉，那么整个团队的效率就会降低。此外，有的管理层会给职员做日程安排，以看出是否存在闲置人员，但事实上，这种事完全不用其插手，这种做法缩小了中层管理者的活动范围。业务现场和管理层之间距离很远，这种距离会改变事情的优先顺序，降低业务效率。而且，如果没有被安排日程，有些人会看起来没有什么事干，所以员工会为了显示自己在认真工作，而做一些不必要的业务。

管理层给职员安排日程或业务的习惯加大了对中层管理者的制约。通常，中层管理者都会过滤现场出现的问题，只报告特殊事项。如果管理层不相信中层管理者的报告，逐一检查成员的日程并下达业务指令，这样既不能理解现场的状况，还会下达相反的或改变优先顺序的指示。管理层可能认为，所有职员马不停蹄才是高效工作的体现，但现场的成员之所以服从，不过是因为这是管理层的指令。可以说，这是典型的纸上谈兵型组织。不必要的业务不但浪费了宝贵的资源，还降低了士气。即使在管理层看来成员们好像在玩，但如果整个项目都按照日程有条不紊地进行，就应当尽可能不要给他们安排业务范围以外的工作。

其次，高级程序员虽然升职为中层管理者，但没有以团队为单位进行过业务。换言之，独自处理业务的能力很好，但以团队为单位时处理欠佳，不能正确指出项目方向，不能正确把控流程。刚开始担任中层管理者时，最畏惧的就是相信成员并向其交代任务。如果将自己一直处理的业务托付给继任者，一定会担心后者开发的软件品质不如自己的，不能如期交付。此时如果本人站出来亲自解决问题，那么与托付给继任者相比，中层管理者会因为是自己一直做的事情而更有安全感。但是，这会导致成员无法接触更高水准的业务，只能做一些 UI、编辑、写日志等简单重复性的工作，进而导致士气降低，也会失去提升实力的机会。因此，中层管理者的这种行为会使得整个团队水平下降，个人业务负担也会加重。

即使不出自本意，这样的问题也会在上司的主导下发生。业务量有所提升，上司却不补充人力，只想提升效率，此时就会让经验丰富的中层管理者亲自主导开发。如果中层管理者得到的指示是“为了缩短交付周期、提升品质，别只做管理，也亲自上手吧”，就会出现前面说的现象。虽然原因不同，但产生的副作用是相同的：成员水平降低、士气低下、脱离组织。

为了解决这一问题，哪怕中层管理者内心不安，也要信任继任者，并把工作托付给他们。同时，要预估有困难的部分或可能出现失误的地方，并给出应对措施，要深入了解成员的个性和实力。只有这样才能明确知道作为中层管理者要对什么部分负责，要集中进行何种培训。提升继任者的实力，将其打造成自己的分身，以此消除对品质低下和交付延期等问题的顾虑。成员实力得到均衡提升，能有效提高业务效率，在与其他组织的竞争中也可以轻松取胜。这样的团队会士气高涨，轻松攻克困难项目。

与“饭碗”不相符的行为的副作用及解决方法

与“饭碗”不相符的行为	副作用	解决方法
插手其他职级的业务	· 降低整个团队的业务效率 · 浪费人力 · 成员可能装作自己很忙	· 专注于自己的业务
不能带领团队前进，不信任继任者	· 简单重复性的业务会导致士气低下，可能脱离组织	· 对组员的不足之处进行集中培训

人们常说：“士为知己者死。”若想自己的身边多一些这样的继任者，就要在业务进行的同时给予其莫大的信任，并保证他们的权限。这会让继任者产生主人翁意识，主动创新业务并做出一番成果。对其成果给予公正的评价时，会得到他们的信赖。通过提升团队士气以提高业务效率的做法，比在公司搞“办公室政治”的效果好得多。

40 站在巨人的肩上

初级程序员接到自己不知道的内容的程序开发任务时，会感到相当尴尬。即使有一些基本的知识储备，但因为经验不足，哪怕业务并不完全陌生，也会因为找不到开发方向而手足无措。此时，处境尴尬的初级程序员就会紧急求助互联网，进入编程相关的网站参考，需要时也会直接“获取”（Ctrl+C，Ctrl+V）源代码。有些网站设有问答板块，十分便利。但是，我并不推荐这种编程方法。

对于程序员来说，编程既是“业务”，同时也是“学习的延伸”。面对雨后春笋般出现的新技术，程序员一定要不间断地学习，从学习中掌握。相较于“明白就好”，更优秀的做法是，通过学习达到可以进一步发展的程度。这样说会让人认为是“死心眼儿、不知变通”，但程序员从业 5 年、10 年后，不可能依然只找寻简便方法。若想顺利处理事务，必须具备优质信息。现在的问题不是信息不足，而是如何在低质信息的洪水中寻找优质信息。最有用、得到最广泛认可的获取方式就是——书本。

人们有自己希望得到的知识或想做好的事情时，就会去书本中寻找答案，从单纯的兴趣爱好，到与从事的工作相关的专业知识，都想涉及。比如说，如果想做好理财，需要阅读沃伦·巴菲特、罗伯特·清崎等在该领域取得杰出成果的大师的著作，从中寻找理财秘诀。只知道秘诀还不够，还要学习他们的理念和哲学。即使不能完全照搬，但可以以他们的方式为蓝本，帮助自己制定计划。

与编程相关的书也是一样的。编程界的大家有史蒂夫·麦克康奈尔、查尔斯·彼佐尔德、斯科特·梅耶斯、本贾尼·斯特劳斯特鲁普等，阅读这些大师的著作可以间接获得他们从业多年总结的秘诀。当然，韩国也进入了软件开发的成熟期，各个领域的专家所写的编程著作的水平也有了大幅度的提升。

学习需要好的老师，书本就是老师的替代品。专业大师的著作就是他们一生的缩影，我们可以以低廉的价格获取他们的秘诀和信息的精髓。需要时可以随时翻书，给后辈讲授自己熟悉的知识时也很方便。不仅如此，学习当下需要的知识的同时，还可以接触其他各种主题和内容。自己知道的主题越丰富，接触其他类型的业务时，就越能比之前更加游刃有余。

除了书本，我还希望大家从公司经验丰富的前辈那里请求指点。如果不方便询问编程知识的方方面面，可以从开发技巧、减少错误的方法、设计的诀窍等开始提问，也可以询问能否直接使用从编程网站上获得的内容。

编程的学习方法

类　型	学习方法	内　容
建议方法	经典著作	通过公认的大师著作学习
	经验丰富的开发者	倾听从业 10 年以上程序员的经验
不恰当的方法	网络社区	复制粘贴源代码

不仅限于技术方面，程序员无法找到符合自己的正确发展方向时，也可以就这一问题向经验丰富的程序员请教。确定发展方向后，再深入研究相关领域，进而成为该领域的专家。这种在特定领域中成为专家的人叫作“I 型人才”，此后不断扩大知识面，便可成为“T 型人才”。自己亲自请求到的指点是量身定做型的，与网上那些片面的知识有很大不同，所以可以帮助我们更上一层楼。

但由于时间和环境的制约，我们并不容易见到大师。此时，通过拜读他们的著作，间接学习秘诀并付诸实践，不失为一个好方法。任何事都没有捷径。即使走上最慢、最绕的路，最终也会通往正途，这才能走得更远。总是纠结于“走哪条路更快”“哪种方法才正确”，最终将一事无成，这种情况屡见不鲜。与其胡乱翻过很多本书而犹豫不决，不如精读一本。认真“啃”下一本书后，阅读下一本时可能会产生一些变化。所见即所知，从书中看出的东西越多，自己的知识储备就会越丰富。

41　软件工程的必要性

软件愈加复杂，给日后的维修维护增加了难度，在规定的时间内交付也变得越来越困难。如果因为时间紧急而胡乱编码，那就无法保证软件的质量，从而导致“软件危机”。解决这个问题的工程学方法就是软件工程。简单来说，软件工程就是有计划地管理软件开发。

我在公司进行重组遇到重要问题的时候，才第一次感觉到软件工程的必要性。那时，竞争对手公司开发的产品使用了最新的技术，我的公司则处在落后的位置。因为客户要求的功能都一样，所以当时的情况十分紧急，必须在短时间内进行开发，但实际并不像想象中那么容易。上司经过一番思想斗争后，提议让我负责这个项目。那个项目组有 18 位成员，而当时的我管理着一个只有 3 人的小组。上司表示，既然能管好 3 个人，那么多几个人肯定也没问题。我接受了这项任务，开始正式管理项目。那时采取的第一个管理方法就是，按照前辈之前的方式管理。我觉得不必有什么顾虑，只要依循旧例就可以轻松解决问题。

首先，我列出全部业务课题，并分配到每个人，同时告知交付日期。但是，只有 3 个人的时候，这种方式非常有效，可增加至 18

人时，就无法奏效了。如果只有 3 个人，我可以一一检查成员的工作，但人数突然变成了以前的 6 倍，很难在一天之内进行管理。即使用一周的时间，每天检查几个人的工作，也心有余而力不足。

管理 3 个人的小团队时，完全可以按照我的意愿发展，我会觉得“我管理的团队创造出了最大的价值”。但带领人数较多的团队时，就不容易产生这样的自豪感。由于人数变多，我很难管理所有事务，所以每个成员都按照自己的想法处理业务。此时，团队不再按照我的管理前进，反而是我被成员“牵着鼻子走”。我觉得自己没能完全发挥有效管理组织的领导作用，不由得开始怀疑自己，十分苦恼。加之，不知道是不是因为缺乏对成员的管理，我们虽然开发出了满足客户需求的成果，但质量非常不好。当时，我急需更加有效的方法管理团队。

经过这件事，我切身领悟到，照搬前辈的经验并不一定是最正确的做法。当时，管理成员的工作基本上都交给经验丰富的干部负责。前辈领导的责任感更强，经验也更丰富，每次出现问题的时候都可以顺利解决。但那时的我由于经验和技巧都不足，所以不适合套用前辈的方法。

俗话说：“强将手下无弱兵。”也有句话：“兵熊熊一个，将熊熊一窝。”由此可见，首领对于团队的重要性。管理组织的领导也是一样的，领导的角色对信任并追随该领导的程序员的成果完成度有着很大的影响。

“我怎么做才可以成为一个优秀的、可以领导成员不断前进的领头人呢？”这个问题在我的脑海中挥之不去。四处求解而不得时，我从软件工程中找到了答案。最初，我对软件工程存在着深深的偏见，因为我认为软件工程只适用于教材，与现实有很大的差距。但在前辈的经验和秘诀不能解决现实问题时，软件工程给了我非常大的帮助，它给我们开发中遇到的问题提供了新的解决方案和提示。

软件工程以项目管理方法为对象，收集很多人的想法，并从工程角度加以分析。阅读软件工程相关图书的时候，我发现自己经历的失败和苦恼全都是 20 ~ 30 年前前辈领导们反复经历过的。已经有许多编程大师在经历各种各样的情况后总结了解决方案，从中可以知道哪种方式最有效。

盲目地着手开发，出现错误的时候随时修改，这种方法叫作 Code and Fix（编码和修正）。该方法不分析需求事项，也不设计，而是直接开始编码，出现错误再修改，效率非常低下。着急的时候会选择这个方法，但因为其本身不具备任何体系，反而会推迟交付日期。

我也是从现场编码开始做起的程序员，非常讨厌撰写文档，所以对这个方法非常熟悉。因为总是觉得如果先写文档再开发，就不能在规定的时间内完成，又因为文档编写并不熟练，撰写明细时觉得可能会增加系统开销，所以总是在大致明白需要实现的功能和程序流程或对象之间的关系后就开始编码。

但是，只要有一次彻底分析需求并设计后再编码，就会发现，即使手写明细，也会顺着流程进行下去。有人指出，手写的明细不方便加入文档管理。但这个问题可以通过扫描仪解决，将手写的文件扫描后存储到硬盘即可。文档形式并不重要，其中包含的内容和流程才是核心。

软件工程的另一个优点是，程序员成为中层管理者时，会觉得自己不再是工程师，而软件工程可以消减这种失落感。我成为中层管理者后，就因为觉得自己不再是程序员而产生了压力。因为人们认为“程序员”一定有技术，但中层管理者并非如此。因为有技术，即使公司状况不好，程序员也不担心失业。成为中层管理者后，不过几个月的时间，以前做程序员时的那种自信就减少了很多。这对重视技术的程序员来说简直是致命的打击。不仅如此，一个从大企业中走出的中层管理者和一个从中小企业走出的中层管理者，如果这两人同时出现，人们当然会认为来自大企业的那位具有更强的竞争力。在这种想法的作用下，程序员更愿意一直编程，而不愿做中层管理者。

但如今，人们的思想观念发生了很大的变化。IT 管理者也是工程师，管理者的价值在于是否基于软件工程应用技术。如果照搬他人的方式方法管理组织，那么只会是毫无竞争力的普通管理者。如果实力和其他人没有什么不同，那么竞争力自然会下降。因此，可以说项目管理是另一种工程学挑战。

软件工程的优点与注意事项

项　目	特　征	内　容
优点	高效化	将编程体系化、高效化
	工程学方法	领悟新的管理技术
	准则	展示基本的方向，减少不安
注意事项	方法多样	根据实际条件寻找并应用合适的方法
	文档化	注重管理，交付延期，加重不必要的业务

只要改变对软件工程的偏见，就可以将其广泛应用。假设交付日期近在眼前，但又被要求增加新功能。如果是中小规模的开发，那么可以采用“极限编程”的方法。但如果是大规模的项目，要求的期限是“一周之内”，但按照现有的开发能力则需要两周，不能按时交付，就会产生问题。这种情况下，可以尝试两名程序员用一台电脑共同开发的“结对编程”方法。快到交付日期时，不能采用“极限编程”方法，而只使用“结对编程”。借助这种方法，一名高级程序员和一名初级程序员共同开发，可以事半功倍。虽然这会给程序员带来更大压力，但可以在时间紧迫的情况下按期交付，同时提升初级程序员的实力。

领导不仅要会管理组织，还必须理解程序的开发方法。成为中层管理者后，战胜压力的方法就是利用软件工程提升自己的实力，且必须实际应用。只要认为软件工程是在学习的同时提升实力，那就既可以减轻压力、缓解紧张，还可以提高项目效率。

42　10年计划

程序员一想到把编程当作事业，都会难免有些激动，也会有这样那样的烦恼。以后是否有前途、工作是否稳定等，在这些各种各样的烦恼中，较晚成为程序员的人会担心自己的经验和实力。

我以新员工的身份入职时，所在部门的组长有 5 年从业经验。当时最令我吃惊的是，那位领导竟然和我年龄相仿。与其他韩国男性一样，我服了兵役，大学毕业后开始工作，但那位领导从大学时就早早开始在职场中打拼了。后来才知道，组长毕业时，在公司接到了“免服兵役”的通知，后来便坐上了组长的位置。当我还对社会生活一无所知的时候，同龄人竟然已经成为自己的上司，这件事让我受到了巨大的打击。

就像我和组长的职位差距很大一样，公司给予我们的待遇也有很大不同，差异大到让我怀疑自己是如何活了这么多年的。最让我费心的事之一，是实力上的差距。我和组长的经历差异有多大，实力上的差异自然就有多大。组长主要负责公司中重要的开发项目，而作为新人，我只能与一些维修维护的小活儿打交道。那时的我甚至认为，如果一直这么下去，自己与组长的差距只会越来越大，永远都追赶不上。我真真切切地体会到，入职 5 年和刚入职真的有天壤之别。

现在回想起来其实没什么，但当时我确实苦恼了很久。如今，周围也有很多程序员有着类似我当时的苦恼。所有事情都是适合自己才能做得顺畅，尤其对于程序开发来说，符合自己的性格最重要。越早发现自己的个性，越能尽早适应，反之亦然。因此，程序员群体中，相同经历的人群年龄跨度很大，入行晚的人会有负担，觉得自己必须跟上入行早的人，尤其是那些与自己年龄相仿但从业更久的人。

逝去的时间无法挽回，什么时候开始并不重要。刚开始会觉得有 4 年经验的程序员和有 2 年经历的程序员之间存在着两倍的差异。但对于有着 12 年经验的程序员和有着 14 年经验的程序员来说，时间差的意义并不大，重要的是这 12 年和 14 年是如何过来的。换句话说，“什么时候开始的”并不重要，“如何度过之后的 10 年”才是关键。

一般来说，在一个行业工作超过 10 年就会取得相应的成果，成果中体现了此前积累的知识和努力。刚入职时的年薪当然比不上老员工，但 10 年后的年薪差异就会由真正的实力决定。一成不变只做开发的人和找到自己感兴趣的领域后集中学习最终成为专家的人，年薪可谓天差地别。

初级程序员总是苦恼于该选择大企业还是中小企业，但这并非可以在短时间内解决的问题。因为大企业的需求有限，所以即使深入思考也不会轻易解决。更应当专注的是，今后 10 年的计划。如果踏踏实实地在自己的专业领域学习，并不断积累知识、提高实力，那么度过初级程序员这个阶段后，待遇会得到明显提高。反之，如果总是以乐观的心态判断形势并安于现状，那么与那些 10 年间专注于自我发展的人的差距是不言自明的。

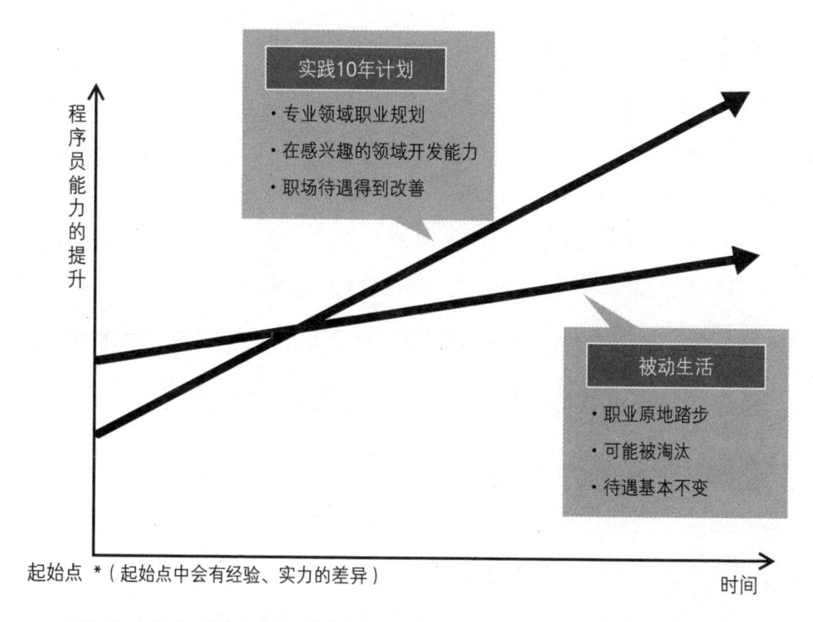

将 10 年计划付诸实践的人与被动生活的人随着时间的流逝产生的差异

最后，关于上文提到的那位同龄上司，如果我可以告诉他，自己现在各个方面都很好，将会是无比美好的结局。但事实上，我和那位上司失去了联系，也不知道对方过得怎么样。重要的是，当时的忧虑和烦恼现在完全不是问题。

经常阅读名人轶事就会发现，有一句话经常出现："认真工作后就知道，是钱来找你，而不是你去找钱。"这句话对于程序员也同样适用。大家开始时可能会认为："我这么努力工作，得到的回报就只有这么一点吗？"但其实，开发本身就是一件让人感到快乐的事。

43 面对加班的心态

连续的加班不是一般的累。高强度的加班就不用说了，结束加班回到家，刚躺到床上准备入睡时，还会接到了与工作相关的电话。如果长时间反复加班，会让人产生“一定要采取这种方式工作吗?”的想法，同时也会认为得不到什么价值，从而产生厌烦情绪。简言之，自己明明在辛勤工作，却没有人知道。长此以往，不但会失去自己的生活，身体也变得越来越差。

我还是初级程序员时，就因为每天加班而产生了上面的想法。每天早晨7点上班，工作到第二天凌晨才下班。项目一旦开始，3 ~ 6个月内没有周末，也没有一天休假。这种高强度加班挣的加班费有时比月薪还多。既然加班是不可避免的，那么只能面对。

首先，我决定转变对待加班的态度。经历高强度加班后，我会想“原来我可以工作这么久啊”，这种突破身体极限的快感让我感到身心愉悦。这种感觉就像:“在之前的任何一家公司都没有这样工作过，原来我可以承受这么大强度的工作啊!”不管与哪家公司的哪位同行竞争，我都有信心可以获胜了。

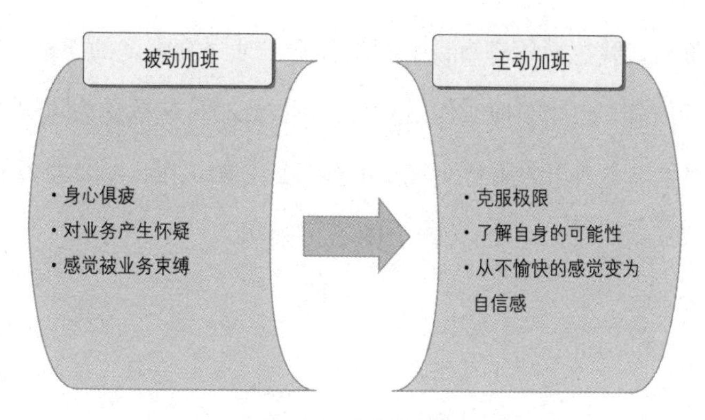

转变对待加班的态度

韩国就业市场中，被称为“三星人”的一类人十分吃香。因为这些人在“以组织为重”的三星公司企业文化中摸爬滚打，惯于创造优秀成果。三星公司规定员工每周工作 6 天，业务强度很高。那些希望在短时间内提高能效的公司招聘时，当然更喜欢具备这种精神的“三星人”。

当然，持续加班不是好现象，因为身体和环境都会跟不上这种强度。无论身在何处，程序员的工作都差不多。SI 公司和游戏开发领域中的软件开发岗位，至今依然维持着高劳动强度，如果不是发自内心地热爱并想在业界闯出一番天地，真的很难熬。许多程序员为了改变这种现状而不断努力，但依然无法改变需要加班的命运。此时应当转变心态，缓解自己的压力。

所有事情皆如此，只有克服了重大困难，才能轻松解决相似或较简单的问题。完成了强度最高的事情，那么做其他事情的时候可以借助之前的经验，让自己产生力量。虽然会很吃力，但如果把这种过程想象成是对自己的锻炼，那么会更上一层楼。

最后，我想对管理者说，哪怕你自己通过高强度的加班才有了今天的成就，也请顺应时代的变化，不要强迫后辈接受相同的文化。当今社会，软件开发业界更注重的是有创意的工作，而非埋头苦干。越早改变企业文化，才能越快站在业界前端。

44 乙方的命运

社会生活中，我们经常会与其他人形成甲方和乙方的关系，关于双方的话题也广为流传。大企业和小商人的矛盾不断在新闻中出现。甲方和乙方的关系在经济活动中是不可避免的。下面是职场中非常常见的画面。

合同制员工总会担心是否续约，看着正式职工的眼色在低调求生存。即使是正式职工，到了退休年龄，如果在没有任何准备的情况下离开公司，就是将自己置于险境。“什么时候会被公司炒鱿鱼呢?”如果在这种疑问中最终离开公司，则会感到前途渺茫，觉得自己成了乙方。

为了不陷入这样的境地，需要时刻做好准备。即使身处乙方，也可以理直气壮地说出自己的意见，为此必须提前想好对策。因为如果没有对策，就会让自己陷入混乱之中，被甲方牵着鼻子走。下面站在乙方的立场上，讲解如何准备对策和应当具备的心态。

程序员主要扮演着为主要岗位提供支持的角色，所以大多数都是乙方，常常受到甲方给的委屈。

在中小企业中开始职场生涯的初级程序员不能理解乙方的状况。他们习惯了一直以来的家庭保护式或平等的关系，在社会生活中刚接触到甲方时，会受到强烈的文化冲击。原本拥有远大抱负，想着要在软件开发行业闯出一番天地，但经历过甲方给出的各种意料之外的不平等待遇后，会感受到非常大的压力。也有一些初级程序员是从甲方开始做起的。如果社会生活是从当甲方开始的，就一定要注意，在需要学习的时候不要形成错误的习惯和品行。没有具备应该具备的实力，却染上了一身的坏毛病，最后很有可能成为“井底之蛙”。

我见过这样的情形，大企业的新人做错了事不但不承认，反而把错误归咎于年纪大的乙方职员，让乙方负责。这种现象在开发现场无日不有。这是新人在学习并熟悉社会生活时，先学会了甲方的坏毛病并熟练运用的结果。想到他们将以这样的视角去看人生，我不禁对其产生了怜悯，同时也有些担心。

因为甲方处于优势地位，所以会对需要的业务和成果提出要求。甲方可以下命令，而且会受到乙方的招待，自然会莫名觉得自己地位优越。但是，如果只是处于甲方的位置，却没有相应的实力，那么甲方和乙方位置互换也只是一瞬间的事情。

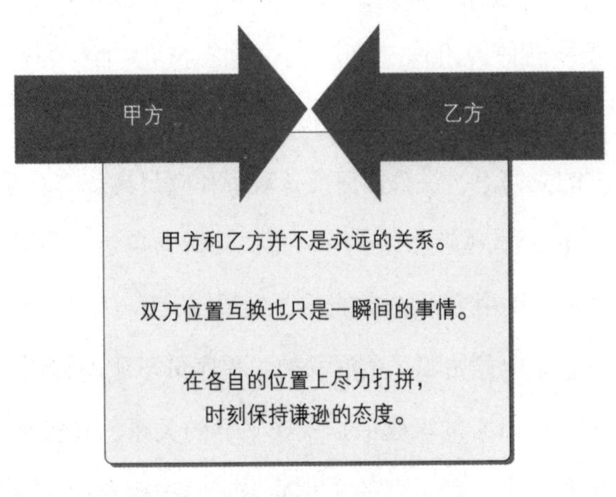

甲方和乙方的位置

我们经常会听到这样的事，大企业的员工退休后，自己创业结果失败。特别是“婴儿潮”一代[①]的退休生活，一直是韩国社会无法解决的问题。韩国人的平均寿命越来越长，随着退休年龄的到来，由于没有养老金，所以为了维持生计，不得不继续找工作。

> “某中年人退休后用退休金和贷款开始做生意。一开始，在周围人的帮助下，生意颇有起色，但人们停止帮助后，销售额急剧下降，最后不得不停业。这样的事例随着‘婴儿潮’一代迎来退休年龄而急剧增加。”
>
> 《每日经济新闻》

这样的失败有很多原因，其中之一是，退休人员经过长期的社会生活，以为在公司时的职务光环犹在。这种情况下，那种甲方的习惯已经深入骨髓，做其他工作的时候，不能适应被降低的身份，无法把自己放在乙方的位置。离开公司后，如果不能迅速适应从甲方到乙方这种身份的转变，则无法自食其力，最终会被社会淘汰。无论人生的初期和中期有多么辉煌、取得了多么大的成就，如果后期不能有一个完美的收尾，则一切毫无意义。因此，我们现在做的一切努力都是为了迎接人生的后期——真正的黄金时期。

---

① 朝鲜战争结束后，韩国人口开始呈现爆发式恢复性增长，1955 ~ 1963 年，韩国新增人口 758 万，这一代人在韩国被称作“婴儿潮”一代。这代人见证了韩国经济的成长和起飞，如今正逐步进入退休年龄，但大部分人似乎并没有规划好自己的退休生活。除了退休金和储蓄不足外，庞大的子女教育和结婚等费用也严重挤压着本该用于养老的资金。目前，已经有金融机构发出警告，如果不采取积极措施，大部分“婴儿潮”一代的养老金将在退休后 10 年内耗尽，如何养老已成为韩国越来越严重的社会问题。——编者注

在社会生活中，不可避免会处于乙方的位置。既然无法避免，那就要学会享受；如果不能享受，就必须具备战胜困难的精神。那么，如何享受乙方的身份呢？

甲方露出卑鄙的嘴脸时，就当自己在看戏。如果甲方表现得趾高气扬，就把这当作其弱点，在附和的同时攻其不备。真正的成功人士不会压榨乙方，而是更有人格魅力和实力。因此，在社会或职场中，能获取更多实际利益的人才是最终的赢家。

身处乙方而被无视并不是失败，真正的失败是，遭受无视而不能从困难中获得人生的发展和实力的提升。即使身处乙方，如果能提前做好应对各种事情和各种状况的准备，那么其实是真正的甲方。尽管现在身处乙方，依然可以咬紧牙关，坚信自己可以通过更优良的人格和品德，以更加优越的实力得到更丰厚的回报。

后记　程序员的前景

有这样两句话:“程序员的未来就是炸鸡店老板”“程序员到了35岁就要被裁员了”。还有一种说法是,“程序员是4D(dirty, difficult, dangerous, dreamless)工种”。这些说法与我的经历大不相同,所以我完全不能理解为什么会有这样的谣言。我在业界一线的感觉是,毕业生不愿意选择“程序员”这个职业,导致新生人力资源不足,只得由上了一定岁数的程序员填补这些空缺。

我并不认为程序员这个职业比其他职业更辛苦。韩国自然资源缺乏,更要通过人才去创造附加价值。我认为,劳动密集型产业使得大部分行业无比辛苦。韩国的代表性产业是制造业,为了提高制造业的效率,只能通过延长工作时间来实现。韩国制造业的中心从轻工业转变为重工业,现在,IT产品制造业成为新一代的出口主导产业。在韩国主要产业变化的进程中,软件和程序员起到了支持作用,工作环境也通常会随着甲方的变化而变化。

在中小企业工作的程序员对恶劣的工作环境颇有不满,但我不认为韩国代表性大企业——三星电子或LG电子的工作环境有多好。通常身处甲方位置的都是主业务,而负责软件开发的总是乙方,所以仅能追随甲方的脚步而已。

但现在，软件行业的处境正在改变，原因可以总结为以下几点。

软件业转变为甲方

为了在全球竞争的时代存活下来，韩国业界必须快速适应市场变化。行业趋势已经从以前的以硬件制造为中心，转变为以“苹果”和谷歌主导的软件为中心。竞争方式也正在转变为硬件业务外包、软件提供平台。

韩国的软件行业虽然还没有发展到主要产业的程度，但现在也已经占据了无比重要的地位。如今的软件行业不再是硬件的附属品，人们已经开始认识到，注重软件品质才能将产品销售出去。

除此之外，工作环境有望逐步改善。每个公司的管理层只有在向软件开发人才强调加班对制造业的重要性后才会明白，这对提高效率和提升品质并没有什么作用。如果将软件开发视为单纯的制造业，那么最终只能被市场淘汰。因为软件开发不是体力劳动，而是脑力劳动。当程序员压力大或感到厌烦时，开发出的产品品质只会下降。现在越来越多的公司都认识到了这一点，韩国程序员的整体工作环境将会得到提升。

人才储备出现绝对短缺

过去，程序员人才储备充分，韩国人热衷于 IT 事业，从小因为接触游戏产生好奇心从而希望创作游戏的人非常多。以前，只要在软件培训学校修完全部课程就可以成为程序员。但如今，在人们的观念中，“程序员”是一个很不容易的职业。随着软件技术的不断发展和成熟，以程序开发为目的的基础知识在深度和广度上都有所增加，业界门槛也得到了提升。游戏产业也不再是仅凭一腔热血就可以成功挑战的了。成为程序员的基础知识不可能在短时间内就完全掌握。基于这些原因，企业在社会上招聘时要求应聘人员专业对口，甚至进行了非常细致的专业划分；在校招时，也主要以计算机相关专业的毕业生和有软件、计算机工程相关专业知识的学生为主。随着行业门槛的提高，人才的稀缺性也随之上升，现在无须再担心人才过剩了。

需求增长

伴随着产业的发展，软件行业站在了竞争的中心，对程序员的需求也迅速增长。企业为了寻找高质量人才而常年开展招聘，谋求具有相关经验的人、有实力的“大牛”。人才储备短缺，但需求却在不断增长，造成的结果就是成本增加。比如，具备相当水平的程序员的储备量不断下降，需求量却不断上升，导致一直稳定的软件程序员的人工成本从 2009 年开始上涨。

从发达国家相关产业的发展中，可以看出这个职业的前景。就韩国来说，人们喜欢的职业通常是医生、律师等，但未来可能发生改变。国际竞争机制正在变化，随着产业的不断升级优化，韩国也会顺应时代的发展逐步变化。三星电子新设立了软件部门并开始大规模招聘，正是为了应对这种变化而做的准备。当产业结构发生变化时，人们对职业的喜好也会随之改变。通过美国现在的职业喜好度排名，可以预测韩国未来的职业喜好趋势。下表中的分数分别代表了各行业的工作环境和人们的喜好程度。

美国 2013 年“最受欢迎的工作”

排　名	职　业	分　数	平均年薪（美元）
1	牙医	8.4	142 740
2	护士	8.2	65 690
3	药师	8.2	113 390
4	计算机系统分析师	8.2	78 770
5	医生	8.2	183 170
6	数据库管理员	8.0	75 190
7	软件工程师	7.9	89 280
8	物理治疗师	7.9	78 270
9	Web 程序员	7.8	77 990
10	洁牙师	7.7	69 280

我认为，程序员这个职业前途无量。虽然支柱产业的归属总是“三十年河东，三十年河西”，但至少在这个年代，程序员的上升空间非常大，因为正是程序员才使得我们梦想中的未来逐渐实现。无论主流软件怎样改变，最基本的软件是不会衰退的。只要在市场发展的进程中坚持努力、不被淘汰，就一定能享受到“程序员”这个职业带来的红利。因此，一定不要被周围的“负能量”影响而放弃自己的梦！

版 权 声 明

站在巨人的肩上
Standing on Shoulders of Giants

TURING
图灵教育

iTuring.cn

站在巨人的肩上
Standing on Shoulders of Giants
TURING
图灵教育
iTuring.cn